Eberhard Holder

Skizzieren und Entwerfen für Einsteiger

Milan Drews gewidmet

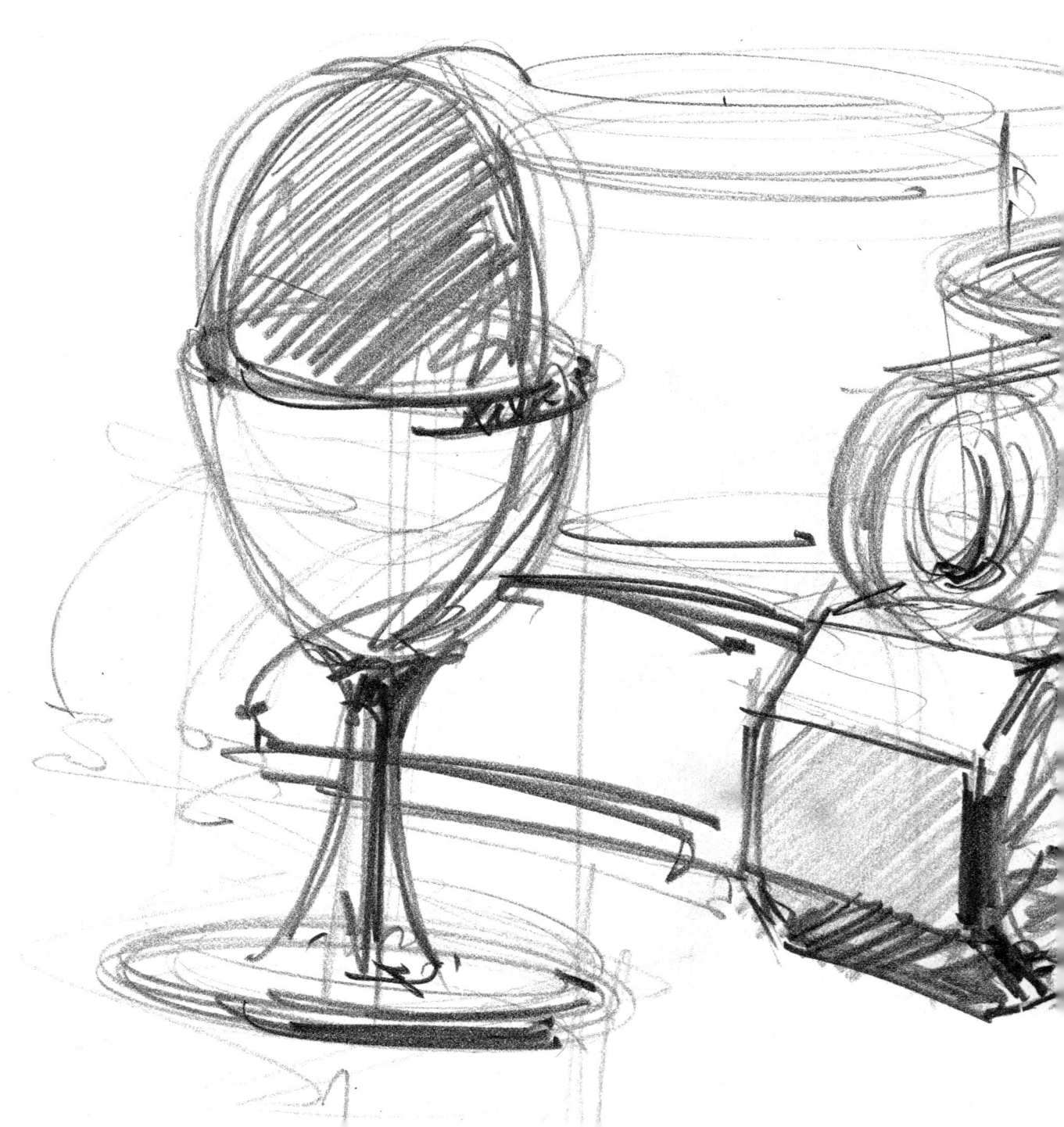

Eberhard Holder

Skizzieren und Entwerfen für Einsteiger

Angewandtes Zeichnen
für Alltag und Beruf

Augustus Verlag

Einführung

Im Gegensatz zu einer künstlerischen Zeichnung hat die Entwurfsskizze eine rein dienende Funktion: Sie soll eine Formidee eines Gegenstandes so wiedergeben, daß man sie sich genau vorstellen kann.

Die zeichnerische Darstellungsform muß sich an den menschlichen Sehgewohnheiten orientieren, deshalb muß man sowohl Ansichten des Objekts als auch mögliche Perspektiven zeichnerisch beherrschen. Grafisch aufwendige Illustrationen – sogenannte Renderings –, z. B. in der Airbrush oder der Markertechnik realisiert, sind nur selten notwendig. Im Zeitalter der Computergrafik werden sie höchstwahrscheinlich bald der Vergangenheit angehören.

Nach wie vor ist aber die Freihandskizze das handwerkliche Rüstzeug für alle gestaltenden Berufe in Handwerk, Architektur und Design.

Sie hat ihre Zukunft als unaufwendige schnelle Entwurfzeichnung in der Konzeptions- und Planungsphase. Sie ist notwendige Voraussetzung für die Arbeit am Computer. Dort bahnt sich eine faszinierende Entwicklung von Handwerk und Technik an. Computerprogramme machen nämlich aus der Skizze perfekte Illustrationen. Es bleibt jedoch die Notwendigkeit, vorher einen Entwurf von Hand zu skizzieren.

Das Skizzieren hat aber auch weitere Dimensionen: Durch das Abzeichnen von existierenden Objekten schult man das Auge.

Genaues Beobachten ist der Weg, um einen Blick fürs Wesentliche zu gewinnen. Mit der Zeit lernt man, alles Überflüssige wegzulassen, und es entstehen Skizzen, die mit einem Minimum an Aufwand ein Maximum an Information vermitteln. Im ständigen Üben und Nachskizzieren von Objekten erlernt und trainiert man eine Skizziertechnik, die vom lockeren Strich lebt. Ein lockerer Strich und die Beachtung von Licht, Schatten und Reflexen zeichnen die gekonnte körperhafte Darstellung aus.

Mit zunehmender Sicherheit im Skizzieren macht die Hand und der Stift dann auch tatsächlich das, was der Kopf will. Es ist dann nur noch ein kleiner Schritt bis dahin, Ideen aus dem Kopf auf das Papier zu scribbeln und in präsentable Entwurfszeichnungen zu veredeln.

Das Buch verfolgt das Ziel, dem Leser bewußtes Sehen und schnelles, lockeres Skizzieren beizubringen. Und in einem weiteren Schritt will es den Leser in die Lage versetzen, Entwurfsideen in Form zu bringen, sie in repräsentative Zeichnungen umzusetzen. Diese Zeichnungen sollen dann auch zur Kommunikation mit Kunden oder zur Präsentation dienen können.

Vorgehensweise

Für den Anfang kann es nicht darum gehen, aufwendige Materialschlachten zu schlagen, sondern sich das grundlegende zeichnerische Know-how anzueignen.

Und dafür braucht man nur wenig Material.

Deshalb wurde im vorliegenden Buch aus didaktisch-methodischen Gründen die Fülle möglicher Zeichenmaterialien reduziert, und es wurde sich lediglich auf die weiche 6 B-Mine eines Bleistifts als Zeicheninstrument beschränkt. Dieser Bleistift hat Vorteile, wenn es darum geht, zu einem lockeren Strich zu kommen. Er wird auch gleich mit ersten Übungen, die langsam an eine lockere Strichtechnik heranführen, vorgestellt. Die Übungen dienen dazu, das gesamte Ausdrucksspektrum des Bleistifts herauszufinden und auszuprobieren: von locker, leichten, zarten Graphitspuren bis zur tiefschwarzen Tönung durch kraftvollen Druck mit der Hand.

Verschiedene Skizziertechniken, aber immer auch gleich die Umsetzung eines gesehenen oder erdachten Gegenstandes in die Skizze wird an verschiedenen Beispielen dargestellt.

Der Weg vom Scribble durch Zuhilfenahme von Linealen und Kurvenlinealen hin zu einer kontrollierten Entwurfzeichnung wird in einem zweiten Schritt erklärt.

In einem dritten Schritt folgt dann die Auseinandersetzung mit Licht, Schatten und Reflexen, mit Oberflächenstrukturen und Materialien, die es gilt, in grafische Strukturen umzusetzen. In diesem dritten Schritt erhält die Zeichnung einen Grad von Perfektion und Professionalität, die sie zur Entwurfs- oder Designzeichnung qualifiziert.

So ausgestattet mit dem ABC des Skizzierens kann sich der Leser anhand von einfachen Aufgaben in Ansichts- und Perspektivzeichnungen üben, wie sie typisch für die zeichnerische Darstellung im Entwurfsprozeß sind.

Material und Werkzeug

Außer auf einen 6 B-Stift als Zeichengerät kann man sich auch im sonstigen Material auf ein Minimum beschränken: Transparentpapier von der Rolle oder als Block, das gleiche gilt für Layoutpapier und Skizzenpapier, gewöhnliches Zeichen- und Malpapier, Zeichenblock, einige Schablonen, Lineale und Kurvenlineale, Zeichenbrett.

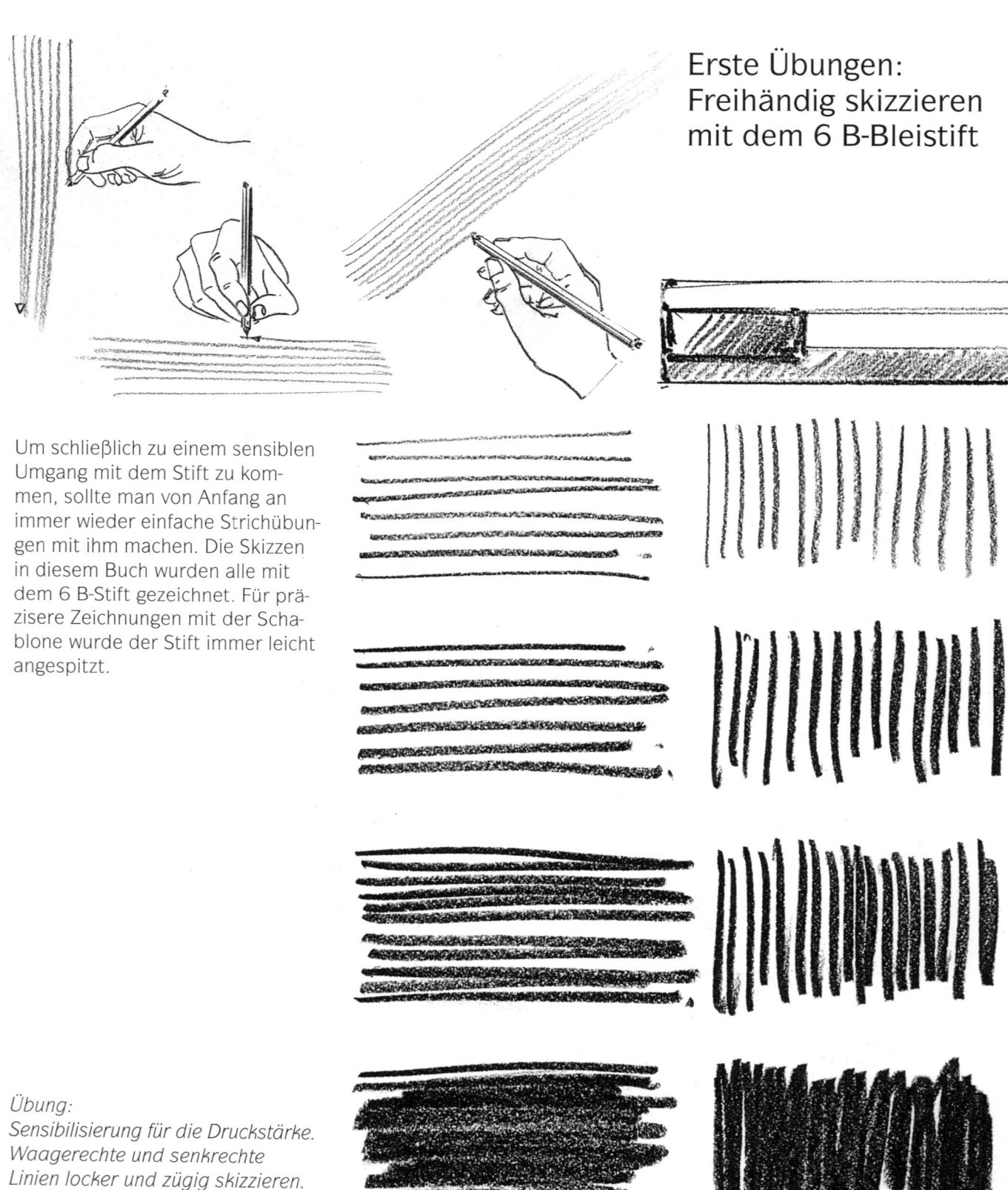

Erste Übungen: Freihändig skizzieren mit dem 6 B-Bleistift

Um schließlich zu einem sensiblen Umgang mit dem Stift zu kommen, sollte man von Anfang an immer wieder einfache Strichübungen mit ihm machen. Die Skizzen in diesem Buch wurden alle mit dem 6 B-Stift gezeichnet. Für präzisere Zeichnungen mit der Schablone wurde der Stift immer leicht angespitzt.

Übung:
Sensibilisierung für die Druckstärke.
Waagerechte und senkrechte
Linien locker und zügig skizzieren.
Zunehmend Druck verstärken.

Die Ausdrucksbreite: Mit der 6 B-Mine kann man bei unterschiedlichem Druck Striche von stark bis fein und Helligkeitsstufen von grau bis tiefschwarz erzielen.

Übung:
Grau bis tiefschwarze Helligkeits-abstufungen. Oberkante mit Klebeband ablösbar abkleben zur präzisen Begrenzung.

Übung:
Waagerechte, lange Linien mit unterschiedlichen Druckstärken skizzieren.

Übung:
Skizzieren Sie eine Streichholzschachtel.

Den Druck auf den Stift verändern

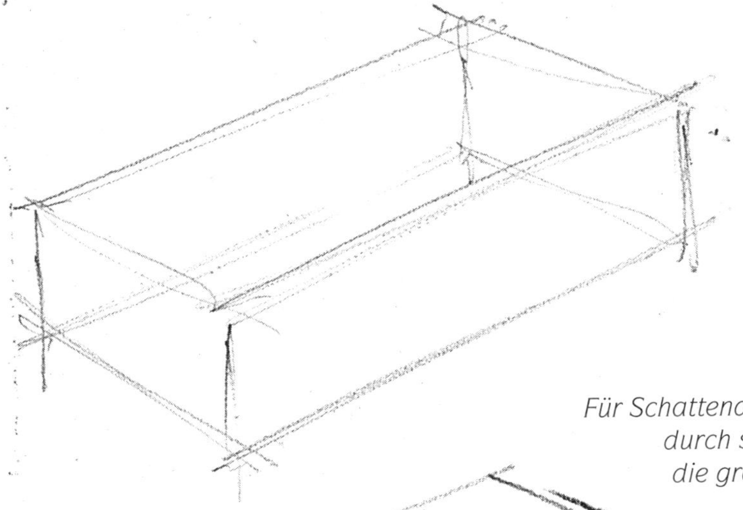

Den Stift leicht über das Papier gleiten lassen

Für Schattendarstellung wird durch stärkeren Druck die grafische Struktur tiefschwarz

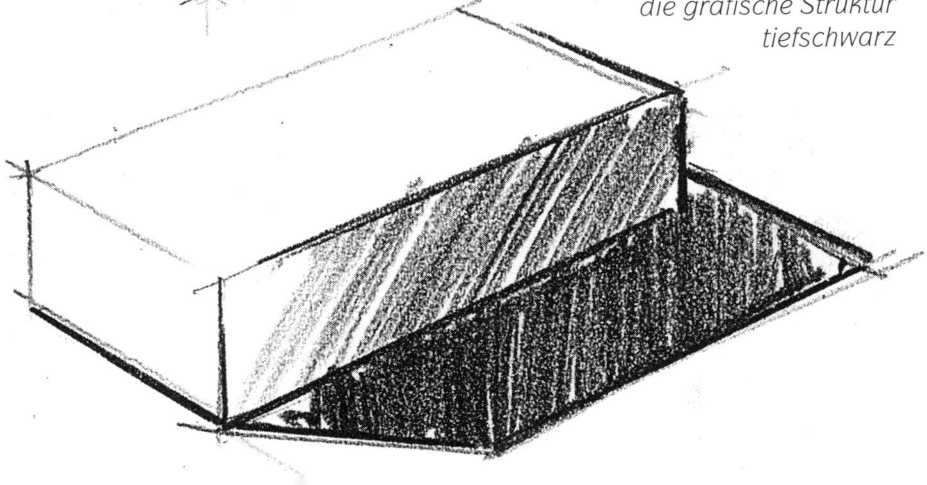

Schraffuren und Strukturen

Falsch   *Richtig*

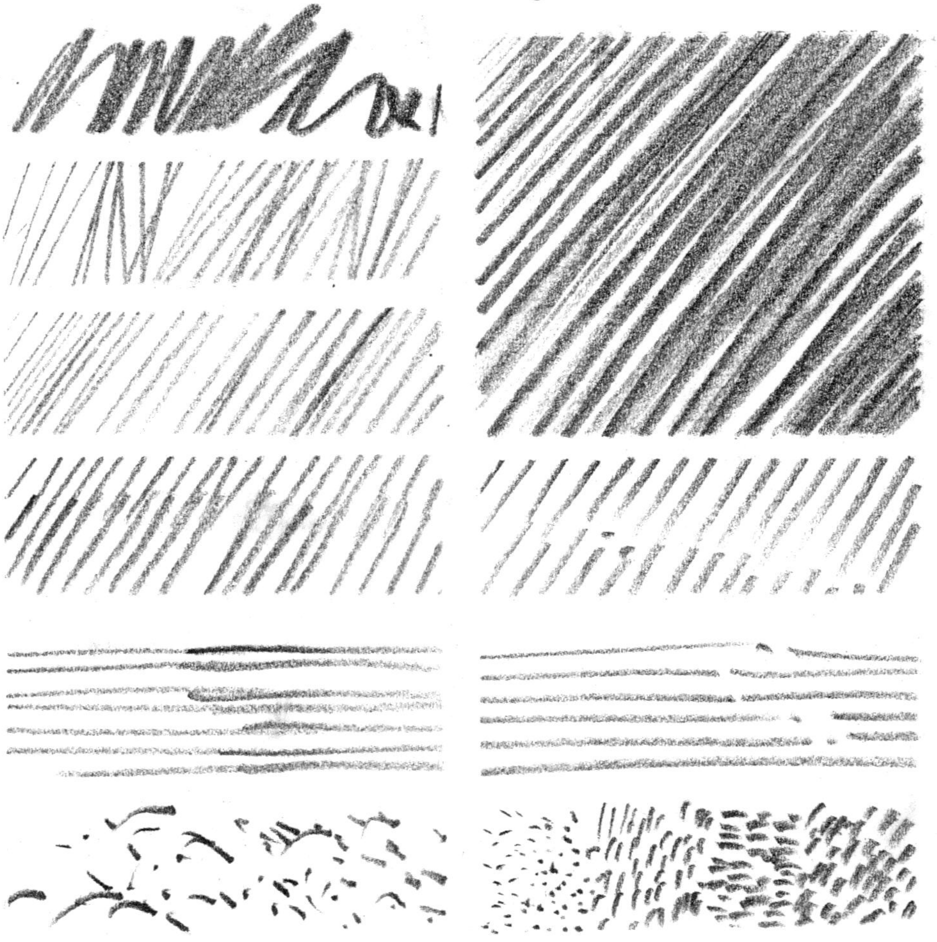

Punkte, Linien und Schraffuren
sollten nicht zufällig gesetzt werden. Jeder Strich hat seine eigene
Qualität. Die nebenstehenden
Schraffuren sind konsequent in
der Strichtechnik. Vermeiden Sie
unterschiedliche Abstände, unter-
brochene Linien werden mit einer
neuen Linie fortgesetzt. Über-
schneidungen wirken unsauber.
Setzen Sie konsequent immer die
gleichen Punkte oder Strukturen.

Üben Sie, eine gerade Linie zu
zeichnen. Lockern Sie Ihre Hand
beim Skizzieren durch offene ruck-
artige Linien.

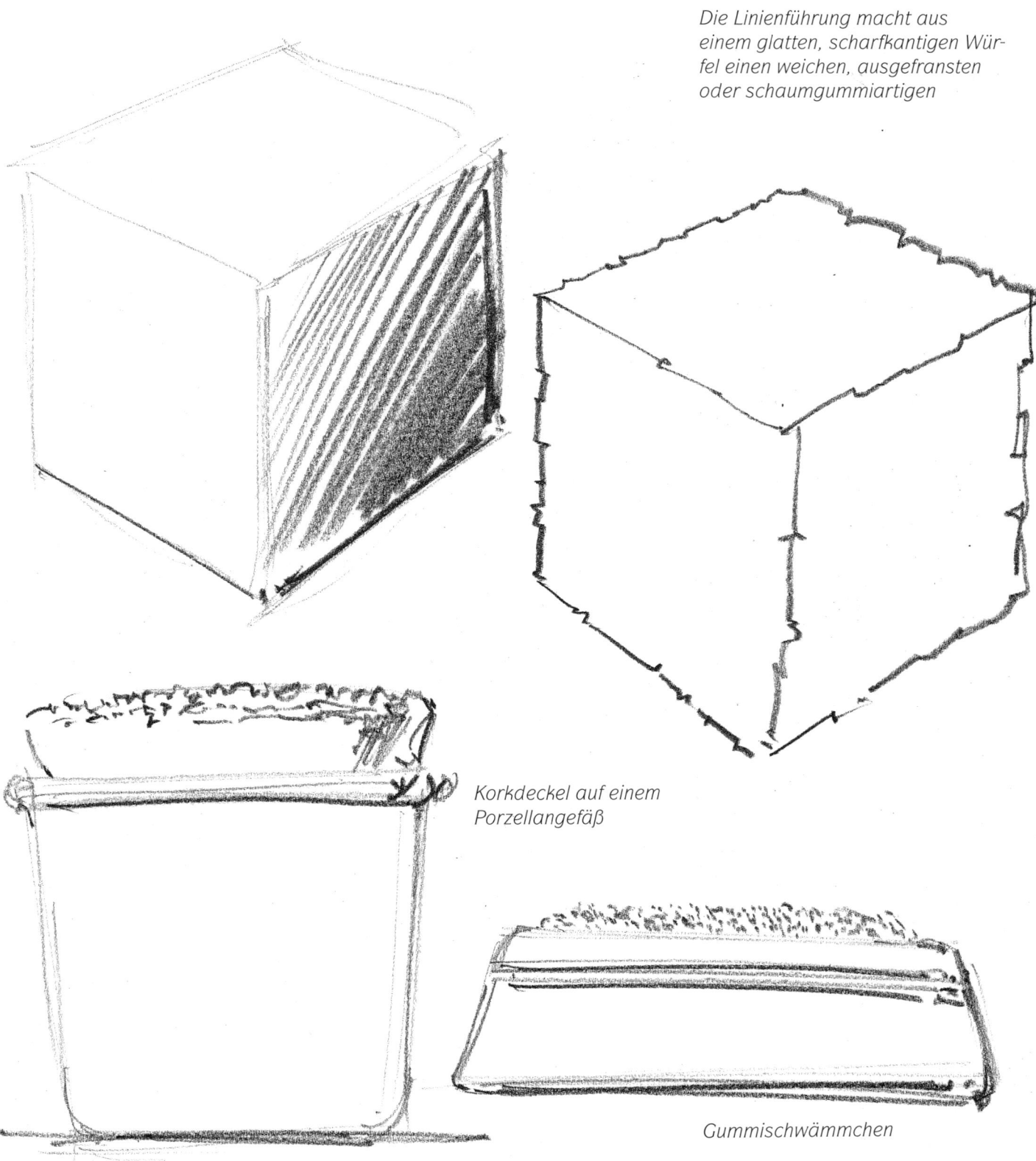

Die Linienführung macht aus einem glatten, scharfkantigen Würfel einen weichen, ausgefransten oder schaumgummiartigen

Korkdeckel auf einem Porzellangefäß

Gummischwämmchen

Entfernung zum Gegenstand

Zeichnen Sie aus einer Entfernung von 2 bis 3 Metern!
Beim Abzeichnen vorliegender Gegenstände ist zu beachten, daß die Objekte nicht direkt vor der Nase stehen, man erhält ein Zuviel an Aufsicht und eine unnatürliche Perspektive. Außerdem ist man versucht, zu viele Details aufzunehmen. Die Entfernung hilft dabei, Unnötiges wegzulassen und sich aufs Wesentliche zu konzentrieren.
Trotzdem sollte man die Gegenstände möglichst groß, das ganze Papierformat nützend aufs Bild bringen.

Zeichnen Sie groß und aus dem ganzen Unterarm heraus!
Zum lockeren Strich findet man über lockere Arm- und Handbewegungen, nicht über krampfhaft ängstliches und enges »Nachzittern« vorgegebener Linien und Flächen.

Radiergummi ist tabu.
Falsche Linien werden durch richtige ersetzt, die »suchenden« Striche bleiben stehen. Linien und Kanten werden durchgezogen, auch da wo sie dem Auge verborgen sind, als wäre der Körper durchsichtig.

Formbeschreibende Linien

Ein zylindrischer Körper sieht in Frontalsicht wie ein Kreis aus. Verändert man seinen Standpunkt und somit den Blickwinkel, muß der Körper in der Perspektive elliptisch wirken. Das Zeichnen von Ellipsen ist deshalb bei runden und zylindrischen Körpern notwendig.

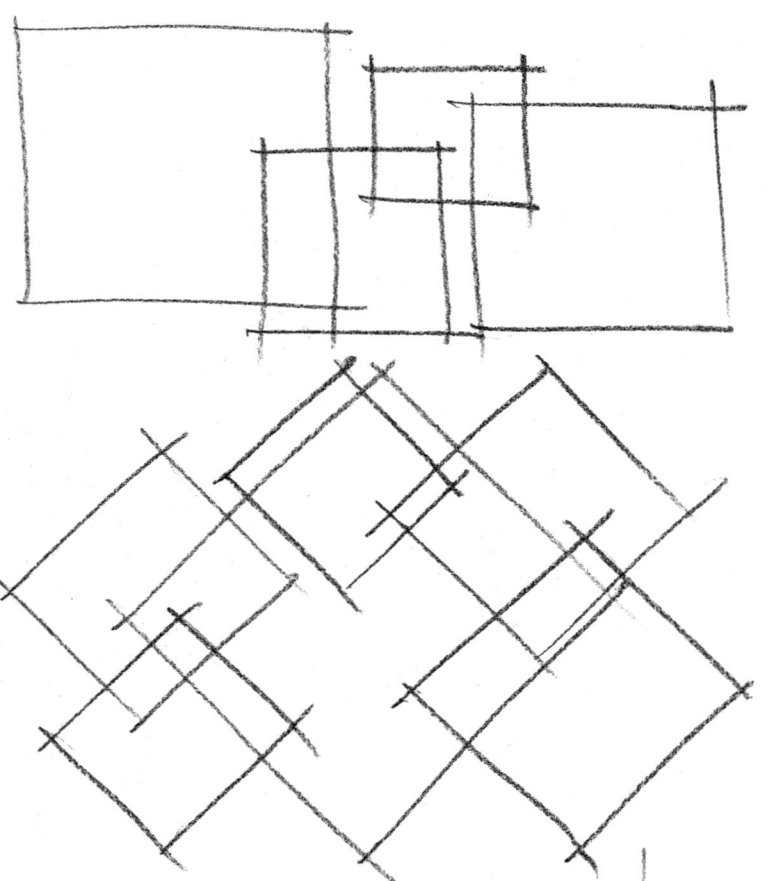

Übung: Überlagernde Quadrate in unterschiedlichen Größen

Übung: Zuordnung verschiedener Flächen, betont durch unterschiedliche Schraffurrichtungen

In vielen Fällen ist es einfacher,
zunächst den Kreis und dann
das umschließende Quadrat zu
zeichnen.

<u>Übung:</u> Sicher Kreise zeichnen

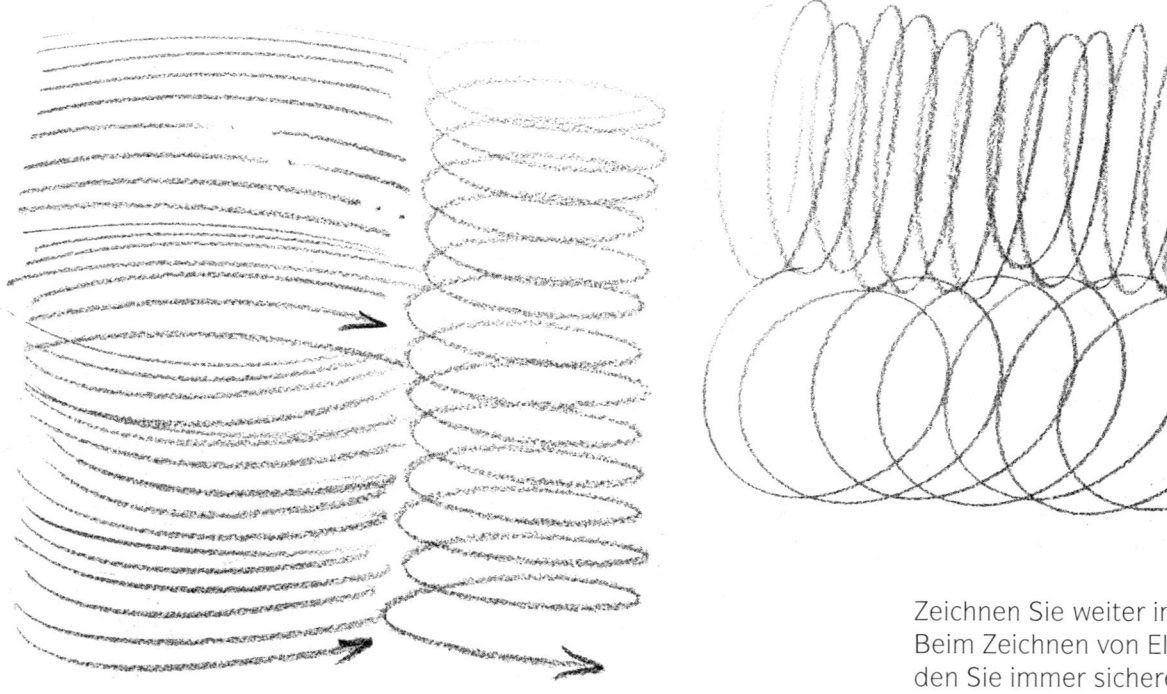

Zeichnen Sie weiter im Stehen. Beim Zeichnen von Ellipsen werden Sie immer sicherer durch vieles Üben: Suchen Sie einfache, zylindrische Körper, die sich zum Abzeichnen eignen.

<u>Übung:</u> Ellipsen zeichnen

Zeichnen Sie Bogen, Kreise und elliptische Formen aus der Hand und aus dem Armgelenk. Für große Ellipsen stehen Sie bitte auf.

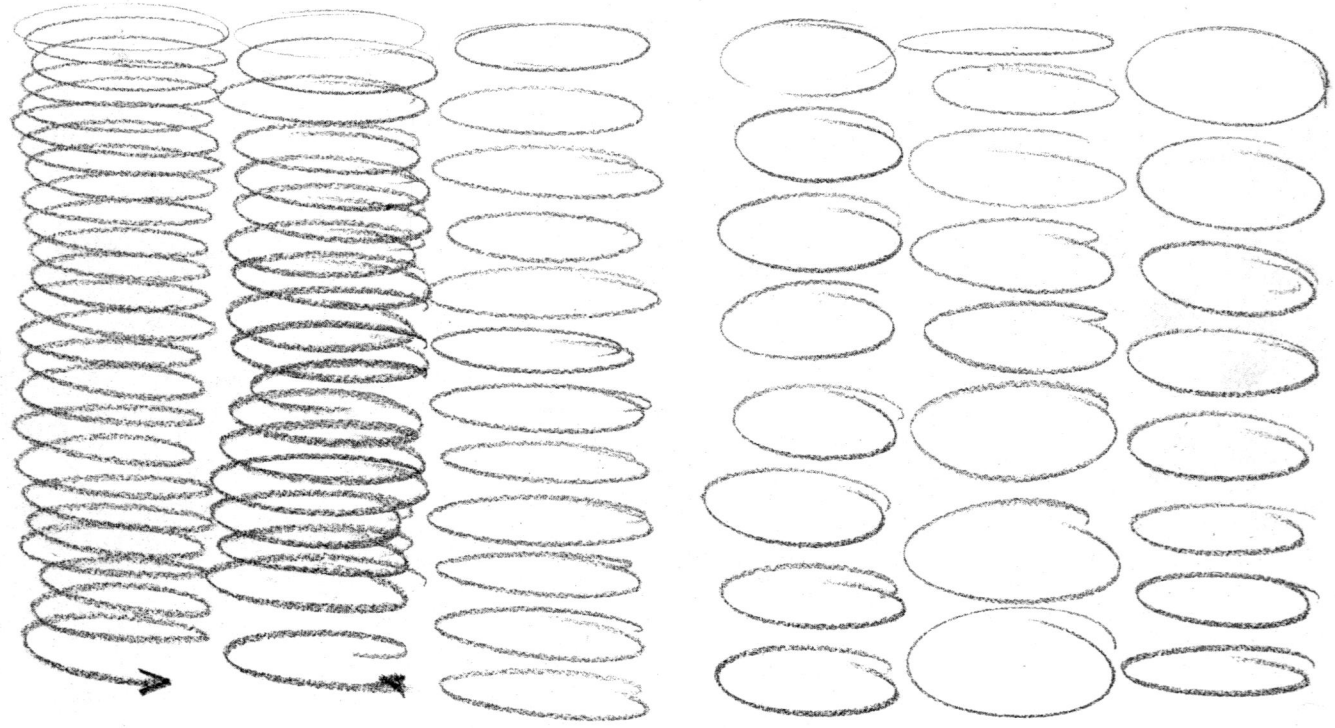

<u>Übung:</u> Zeichnen Sie Kreise auf einen Quader.

Beachten Sie dabei die Richtung der langen Ellipsenachse. Sie muß immer vom Betrachter aus wegkippen. Die Skizzen werden auf der Seite 24 mit Lineal und Schablonen überarbeitet.

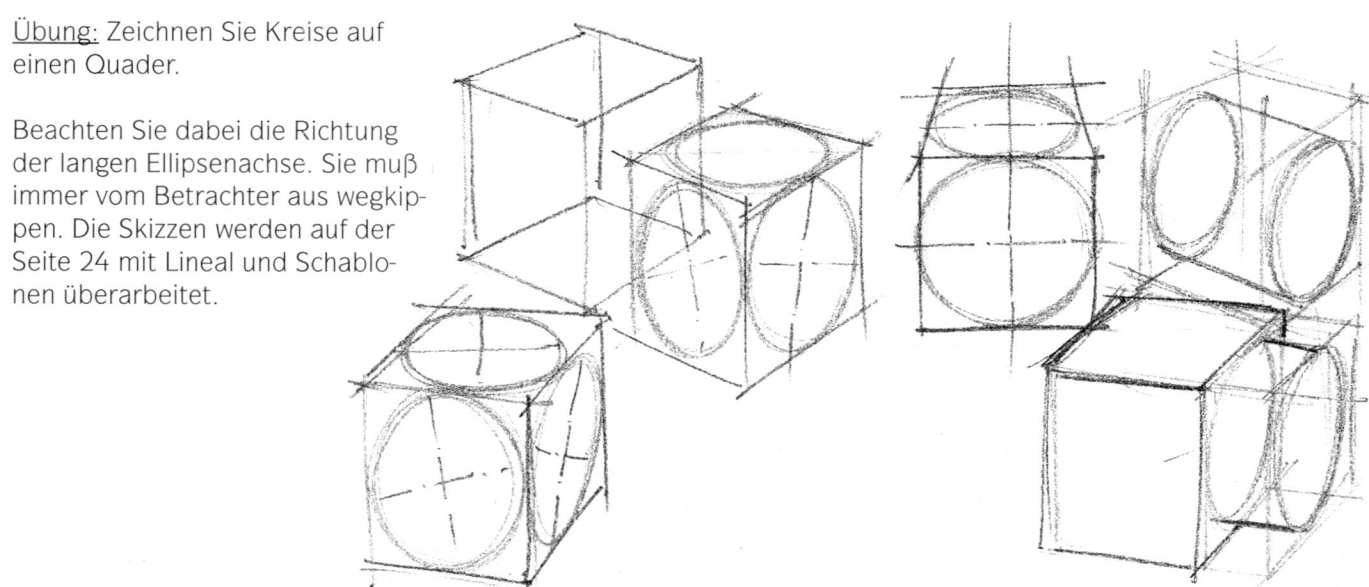

Häufige Anfängerfehler

Die Gesetze der Perspektive stehen oft im Widerspruch zu dem, was wir von einem Gegenstand wissen. Dann passieren solche Fehler:

Eine Tasse ist ein zylindrischer Körper. Die Öffnung wird perspektivisch als Ellipse dargestellt. Dabei ist es sinnvoll, auch den nicht sichtbaren Boden zu skizzieren, damit die kleinen Achsen der Ellipsen besser zu kontrollieren sind.

In der Regel sind die kleinen Achsen der Ellipse bei der Öffnung der Tasse und am Boden gleich groß.

Es ist auch möglich, die kleine Ellipsenachse am Boden etwas größer zu zeichnen, aber es darf nie, wie das falsche Beispiel zeigt, die kleine Ellipsenachse an der Öffnung größer sein als die kleine Ellipsenachse am Boden.

Eine Parfümflasche ist ein aus Quader und Zylinder zusammengesetzter Körper. Die Ellipsenachse muß parallel zur Horizontlinie also waagerecht liegen.

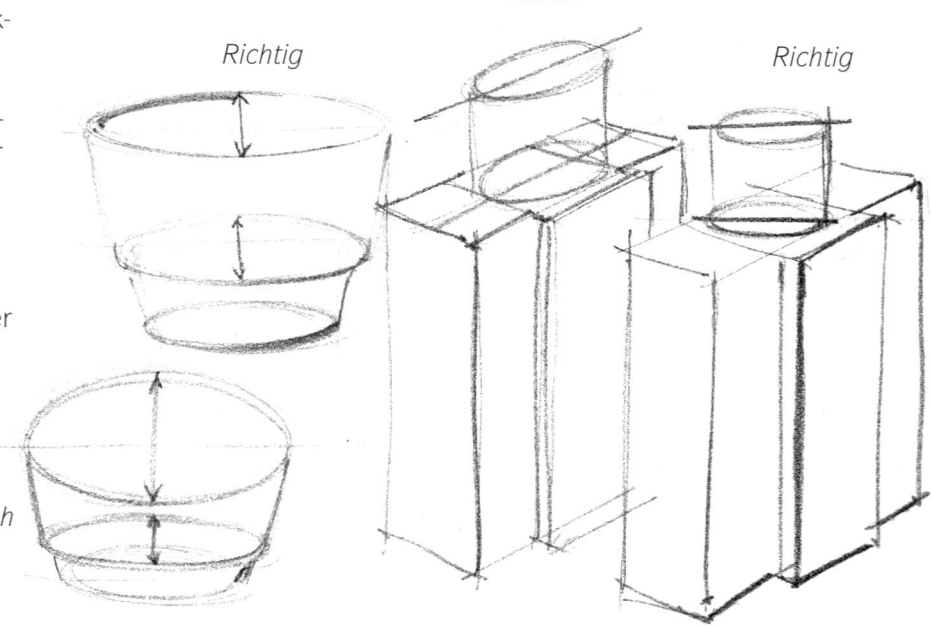

Richtig

Falsch

Richtig

Falsch

Hilfen zur korrekten Zeichnung einer Ellipse

Bei stehenden Zylindern immer kontrollieren: ist die große Ellipsenachse waagerecht also parallel zum Horizont und sind die kleinen Ellipsenachsen gleich groß.

Übung: Skizzieren Sie Zylinder und abgeschrägte Zylinder. Vergleichen Sie die Lage der Ellipsenachsen.

Anfänglich bereitet die richtige Stellung der Ellipse Schwierigkeiten. Sind Sie unsicher, dann zeichnen Sie immer erst perspektivisch das Quadrat, in das die Ellipse gezeichnet wird. Es wird damit leichter zu erkennen, wohin sich die große Ellipsenachse neigen muß.

Falsch

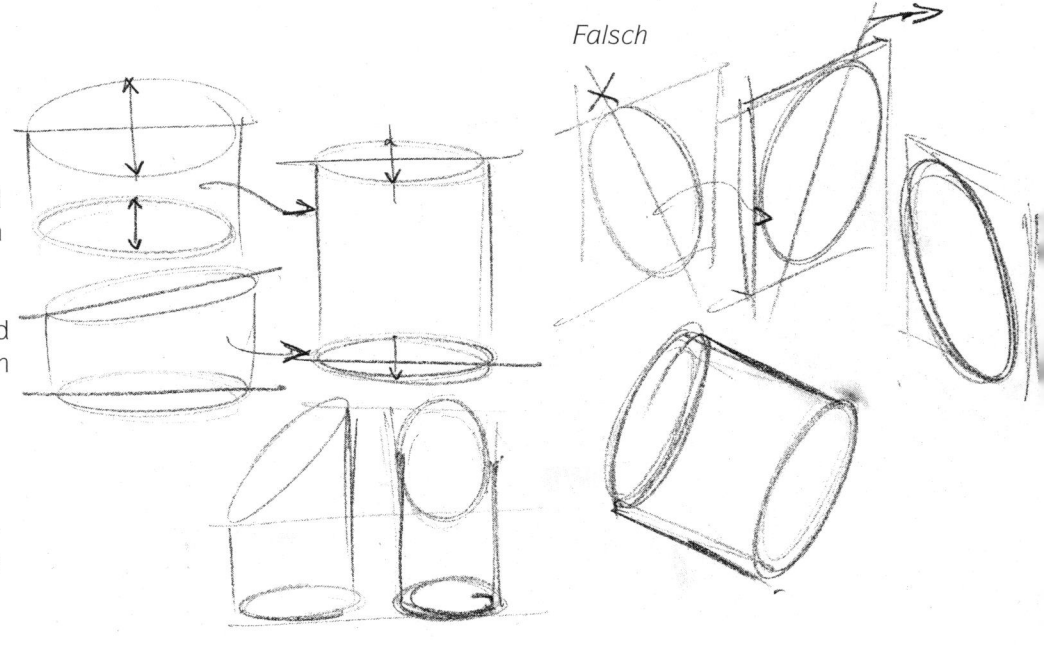

Übung: Skizzieren Sie einfache Gegenstände zum Beispiel eine Wasserwaage und üben Sie Ellipsen.

Zeichnen Sie immer die ganze Ellipse, auch wenn nur ein Ausschnitt benötigt wird.

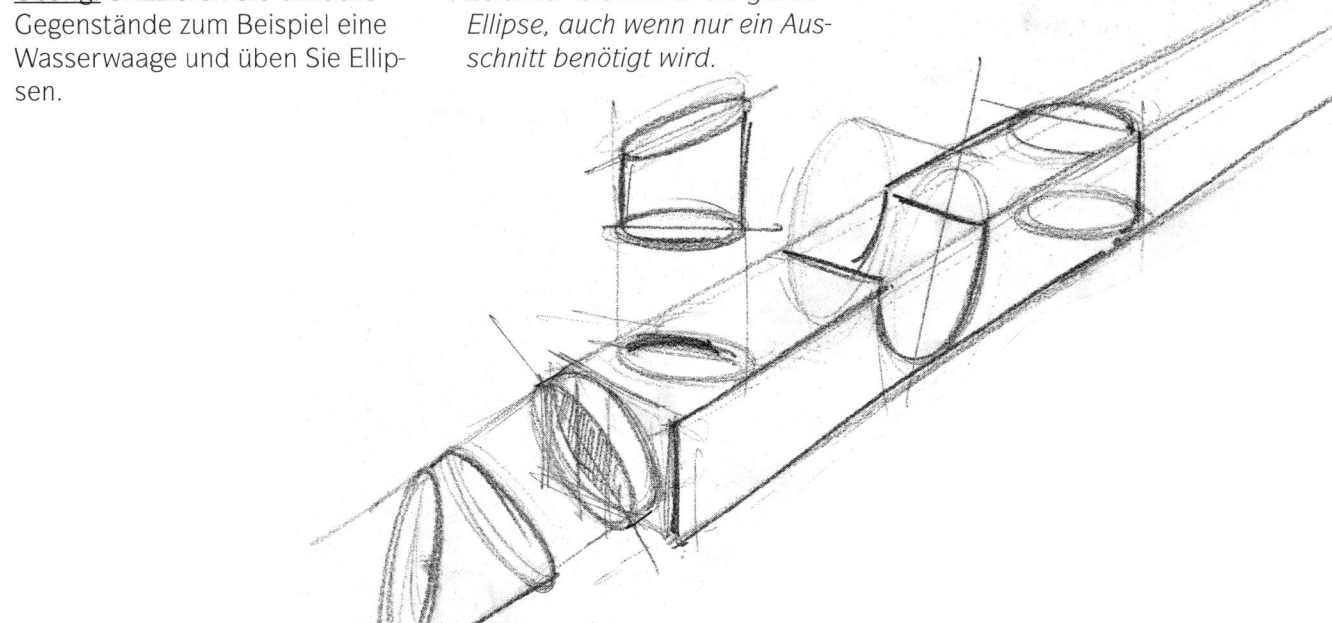

Verändern Sie den Winkel der großen Ellipsenachse und beobachten Sie die Konsequenzen.

Freies Skizzieren am Lineal entlang

Es ist anfangs nicht einfach, sich vom völlig freien Skizzieren zu lösen und zu einem präziseren Zeichnungsstil zu kommen, der sich bei der Arbeit Hilfsmittel wie Lineale und Schablonen bedient. Bei einiger Übung ist es jedoch durchaus möglich, die Vorzüge beider Zeichenmethoden zu kombinieren, das heißt ein präzises Liniengerüst mit einer unverkrampften, lockeren Skizziertechnik zu verbinden.

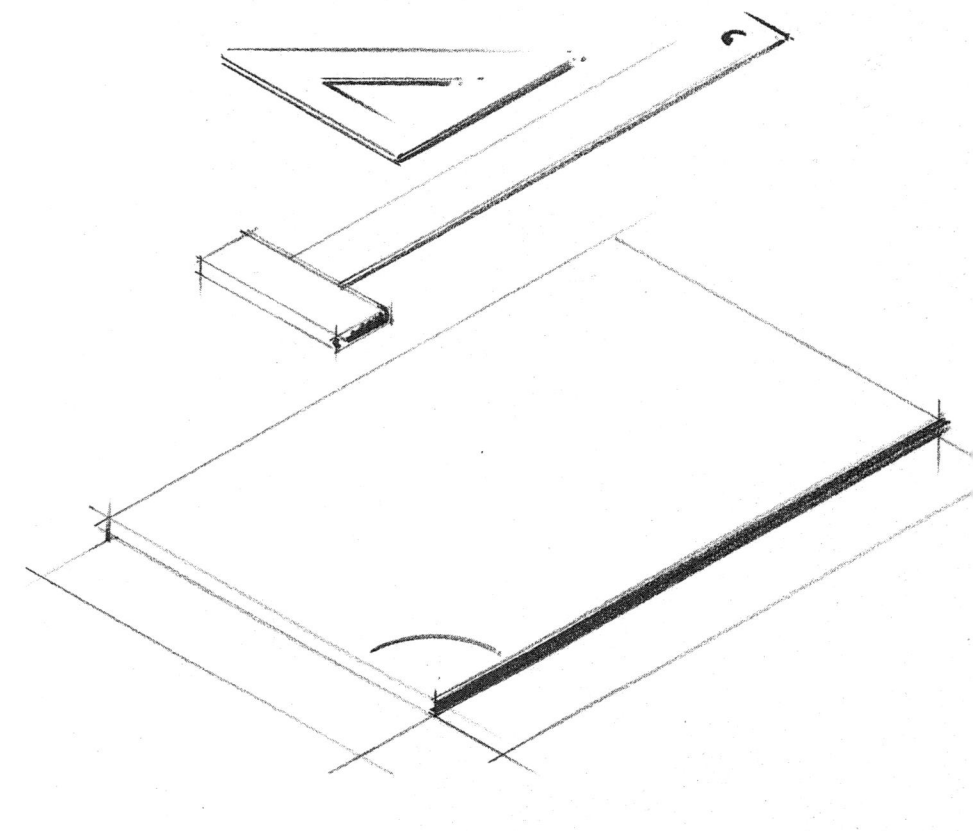

Umgang mit Zeichenmaterial und Werkzeug

Ein Zeichenbrett muß nicht teuer sein. Hier ein Vorschlag, wie man es selber machen kann. Beidseitig weiß beschichtete Spanplatte wird rechtwinkelig zurechtgesägt im Format 40 x 50 cm. Das reicht für Zeichengrößen in Format A 3 aus. An dieses Brett kann man eine übliche Reißschiene und Winkel anlegen. Mehr braucht man nicht für den Anfang.

Erste Übung am Lineal: Zuerst unterschiedliche Strichstärken am Lineal entlang.

Zweite Übung: Starken Druck auf den Stift ausüben, dann den Strich aus dem Handgelenk herausrutschen lassen, dann stoppen, indem man einen Punkt setzt.

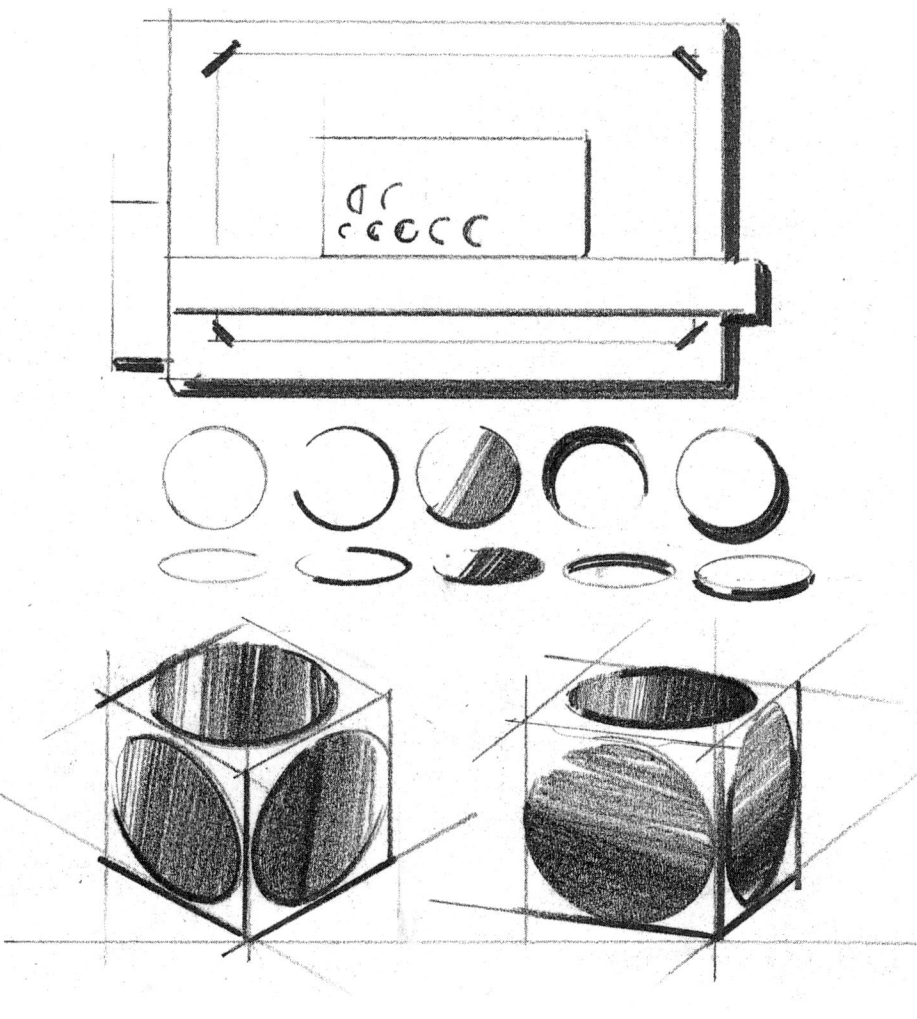

So wird ein Bogen Skizzenpapier auf dem Zeichenbrett befestigt: Mit Tesafilm das Blatt Papier an allen vier Ecken festkleben, ohne daß es sich wirft. Wenn nötig, nachspannen, indem man das Papier auf das Brett preßt und ausstreift. Wieder festkleben.

Skizziertechniken mit Schablonen

Auch wenn Sie mit Hilfsmitteln wie Lineal, Kurvenlineal oder Schablone arbeiten, können Sie Ihrer Zeichnung die Merkmale einer Schnellskizze verleihen: Sie müssen Ihre Hilfsmittel nur voll ausnutzen: Wenn Sie eine Kreisschablone oder eine Ellipsenschablone anlegen, legen Sie gleich eine lockere Schraffur darüber. Verschiedene Strichstärken, unterschiedlicher Druck auf den Stift ist auszuprobieren. Sie müssen nicht unbedingt gleichmäßig aufdrücken. Eine entstehende Lücke wird vom Auge vervollständigt.

Für den Anfang genügen Ellipsenschablonen mit isometrischen oder dimetrischen Ellipsen.

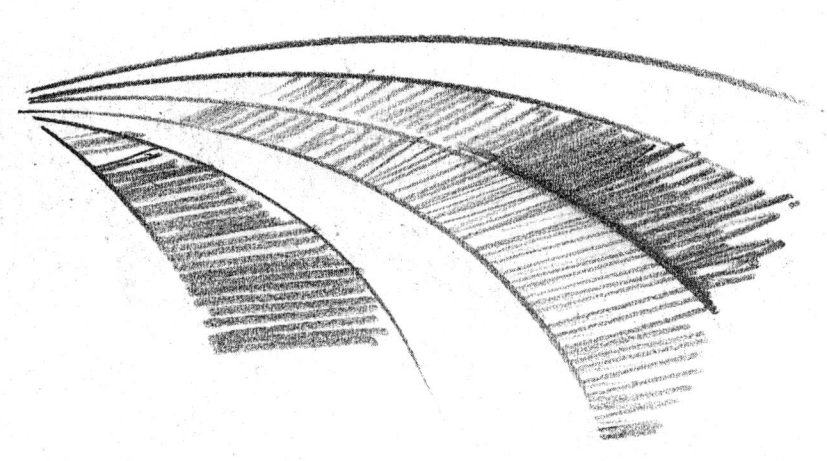

Schnellkurs: dimetrische und isometrische Projektion

Für den Anfang genügen Ellipsenschablonen mit
isometrischen Ellipsen
(30°, 1:1.,7 DIN 5)
dimetrischen Ellipsen
(41°25, 1:1,13 DIN 5)
dimetrische Ellipsen
(7°10,1:3 DIN 5)

Aus dieser pragmatischen Vorgehensweise ergab sich die Bestimmung des Horizonts.
Die Verlagerung der Würfelkanten auf dem Boden schneiden den Horizont in den Fluchtpunkten. Zeichnen Sie die Höhe 5 cm des Würfels und verlängern Sie von dort die oberen Würfelkanten zu den Fluchtpunkten.
Im Gegensatz zur isometrischen Darstellung ist in der perspektivischen Zeichnung die Breite und Tiefe des Würfels perspektivisch verkürzt, also weniger als 5 cm. Die genaue Länge muß optisch bestimmt werden. Probieren Sie es aus, bis Sie das Gefühl haben, daß der Würfel in seinen Proportionen einem Würfel gleicht. Da wir es hier nicht mit einer perspektivischen Konstruktion zu tun haben, müssen Sie sich auf Ihr Auge verlassen.

Erste Übung: Isometrische Darstellung eines Würfels mit 30°/30° Winkel (Höhe = 5 cm, Breite = 5 cm, Tiefe = 5 cm).
Zeichnen Sie einen Würfel mit gleicher Kantenlänge unter einem Winkel von 30° und tragen Sie die Diagonalen ein.
Danach werden die Ellipsen mit der Ellipsenschablone (30°, 1:1,7) eingezeichnet. Die lange und kurze Ellipsenachse liegen auf den Diagonalen.
Achtung: Bei der isometrischen Darstellung werden die Kanten des Würfels gleich lang und tatsächlich parallel gezeichnet im Gegensatz zur perspektivischen Darstellung.

Zweite Übung: Perspektivische Darstellung eines Würfels mit 30°/30° Winkel.
Zeichnen Sie einen Würfel mit einer Höhe von 5 cm unter einem Winkel von 30°.
Bestimmen des Horizonts: Je weiter die Fluchtpunkte auseinander liegen, desto größer ist der Abstand des Betrachters vom Würfel. In diesem Fall wurde der Fluchtpunkt rechts innerhalb des Zeichenformats gelegt und der andere außerhalb des Formats.

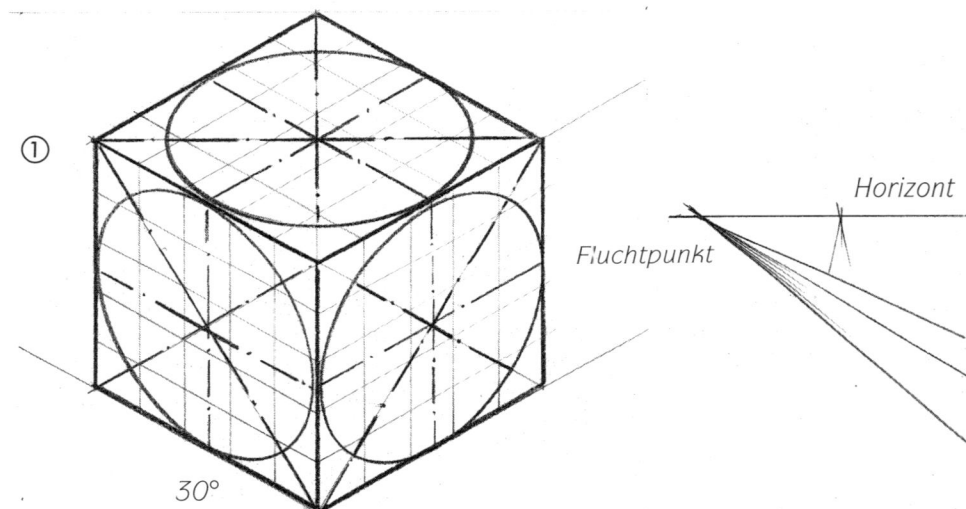

① 30°

Fluchtpunkt   Horizont

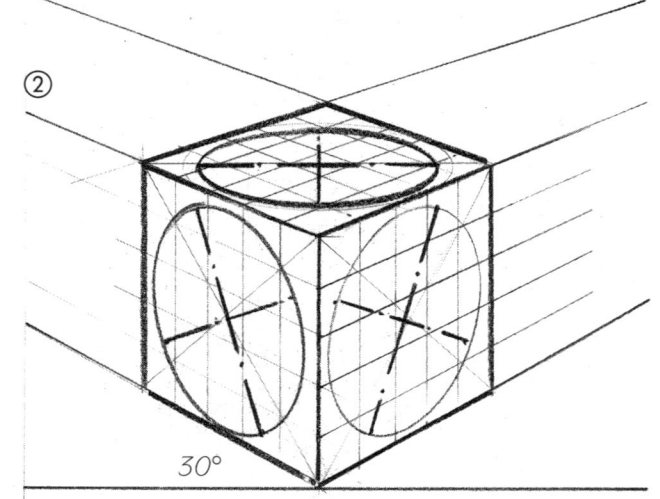

② 30°

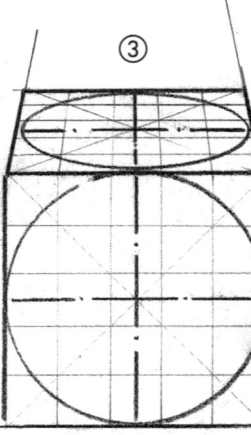

③

Zeichnen Sie die Ellipsen in den beiden Seiten des Würfels mit der Ellipsenschablone (30°, 1:1,7) ein. Die langen Ellipsenachsen sind nun nicht mehr identisch mit den Diagonalen des Würfels. Für die Ellipse auf der Deckfläche des Würfels benutzen Sie die Ellipsenschablone (7°10, 1:3). Beachten Sie dabei, daß die lange Ellipsenachse waagerecht, also parallel zum Horizont liegt.

Dritte Übung: Zentralperspektivische Darstellung eines Würfels. Zeichnen Sie ein Quadrat mit einer Höhe = 5 cm und Breite = 5 cm mit darin eingeschlossenem Kreis.
Verlängern Sie die Kanten zum zentralen Fluchtpunkt auf unserem vorher festgelegten Horizont. Aus der passenden Ellipse der Ellipsenschablone (7°10, 1:3) ergibt sich die Tiefe des Würfels.

Beachten Sie auch hier, daß die lange Ellipsenachse waagerecht, also parallel zum Horizont liegt.

Vierte Übung: Dimetrische Darstellung eines Würfels mit 41°25 und 7°10 Winkel.
Zeichnen Sie einen Würfel mit einer Höhe = 5 cm. Zeichnen Sie die untere und obere Kante parallel im Winkel 7°10 mit einer Kantenlänge entsprechend der Höhe von 5 cm ein. Tragen Sie die Diagonalen ein. Danach wird die Ellipse mit der Ellipsenschablone (7°10, 1:3) eingezeichnet. Die lange und die kurze Ellipsenachse liegen auf den Diagonalen.
Zeichnen Sie die untere und obere Kante parallel im Winkel 41°25 mit einer Kantenlänge entsprechend der halben Höhe = 2,5 cm ein. Tragen Sie die Diagonalen ein. Danach wird die Ellipse mit der Ellipsenschablone (40°25, 1:1,13) eingezeichnet. Die lange und die kurze Ellipsenachse liegen **nicht** auf den Diagonalen.
Für die Ellipse auf der Deckfläche des Würfels benutzen Sie die Ellipsenschablone (7°10, 1:3). Beachten Sie dabei, daß die lange Ellipsenachse waagerecht, also parallel zum Horizont liegt.
Achtung: Auch bei dimetrischer Darstellung werden die Kanten des Würfels tatsächlich parallel gezeichnet im Gegensatz zur perspektivischen Darstellung.

Fünfte Übung: Perspektivische Darstellung eines Würfels mit 42° und 7° Winkel. Die beiden Winkel sind auf dem Geodreieck markiert. Zeichnen Sie die Bodenkanten des Würfels von 42° und 7°. Bestimmen des Horizonts: Es gelten die gleichen Bedingungen wie in der

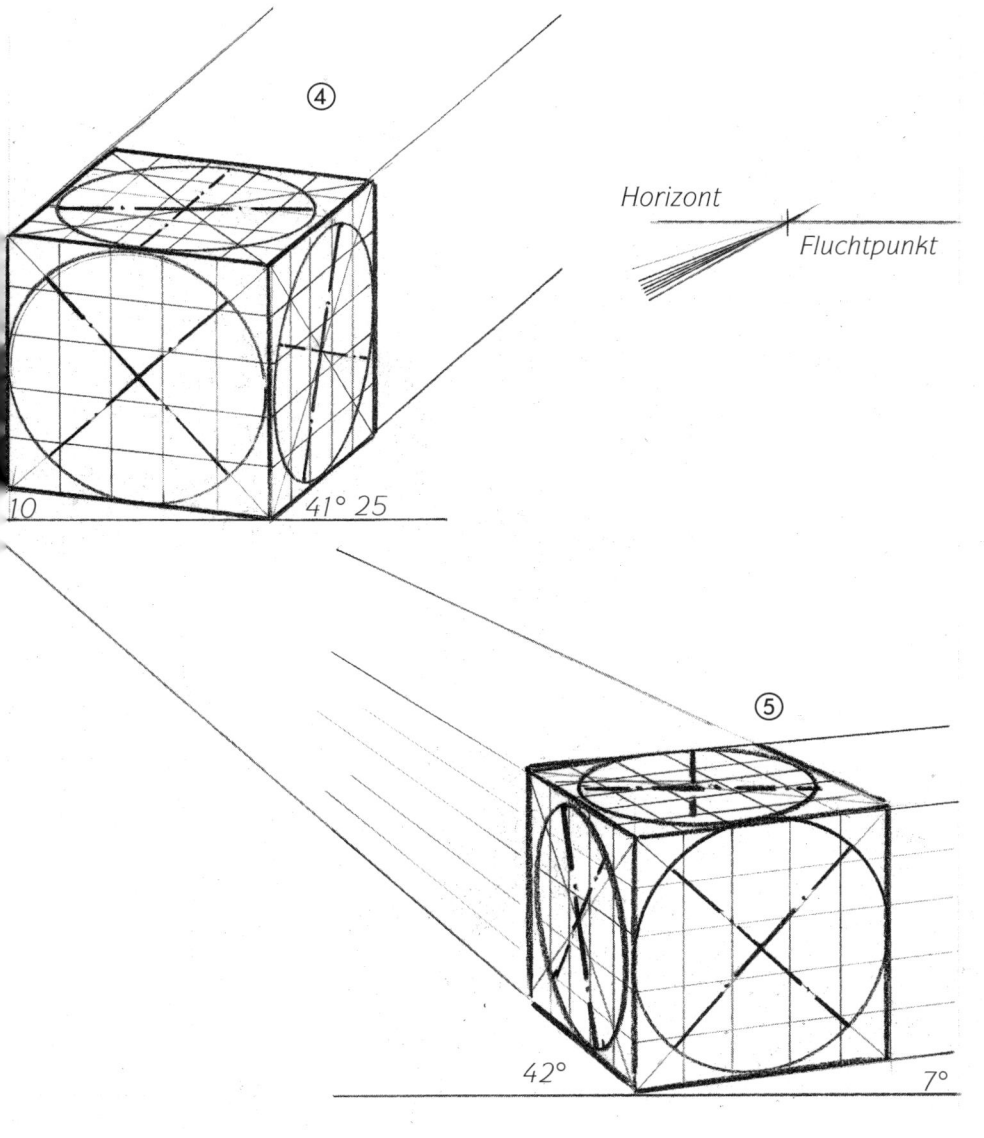

④

Horizont

Fluchtpunkt

10   41° 25

⑤

42°   7°

Übung 2. Die Verlängerung der Bodenkanten des Würfels schneiden den Horizont in den Fluchtpunkten.

Zeichnen Sie die Höhe des Würfels (5 cm) und verlagern Sie von dort die Kanten zu den Fluchtpunkten. Die Tiefe des Würfels am Winkel 7° entspricht der Höhe = 5 cm. Tragen Sie die Diagonalen ein. Danach wird die Ellipse mit der Ellipsenschablone (7°10, 1:3) eingezeichnet. Die lange und die kurze Ellipsenachse liegen auf den Diagonalen.

Im Gegensatz zur dimetrischen Darstellung ist in der perspektivischen Zeichnung die Tiefe des Würfels am Winkel 42° mehr als nur zur Hälfte perspektivisch verkürzt. Die genaue Länge muß optisch bestimmt werden. Probieren Sie es aus, bis Sie das Gefühl haben, daß der Würfel in seiner Proportion einem Würfel gleicht. Da wir es hier nicht mit einer perspektivischen Konstruktion zu tun haben, müssen Sie sich auf Ihr

Auge verlassen. Tragen Sie die Diagonalen ein. Danach wird die Ellipse mit der Ellipsenschablone (41°25, 1:1,13) eingezeichnet. Die lange und die kurze Ellipsenachse liegen nicht auf der Diagonalen.

Für die Ellipse auf der Deckfläche des Würfels benutzen Sie die Ellipsenschablone (7°10, 1:3). Beachten Sie dabei, daß die lange Ellipsenachse waagerecht, also parallel zum Horizont liegt.

Achtung: Die isometrische und dimetrische Zeichnung sind maßlich genaue räumliche Darstellungen unabhängig vom Betrachter.

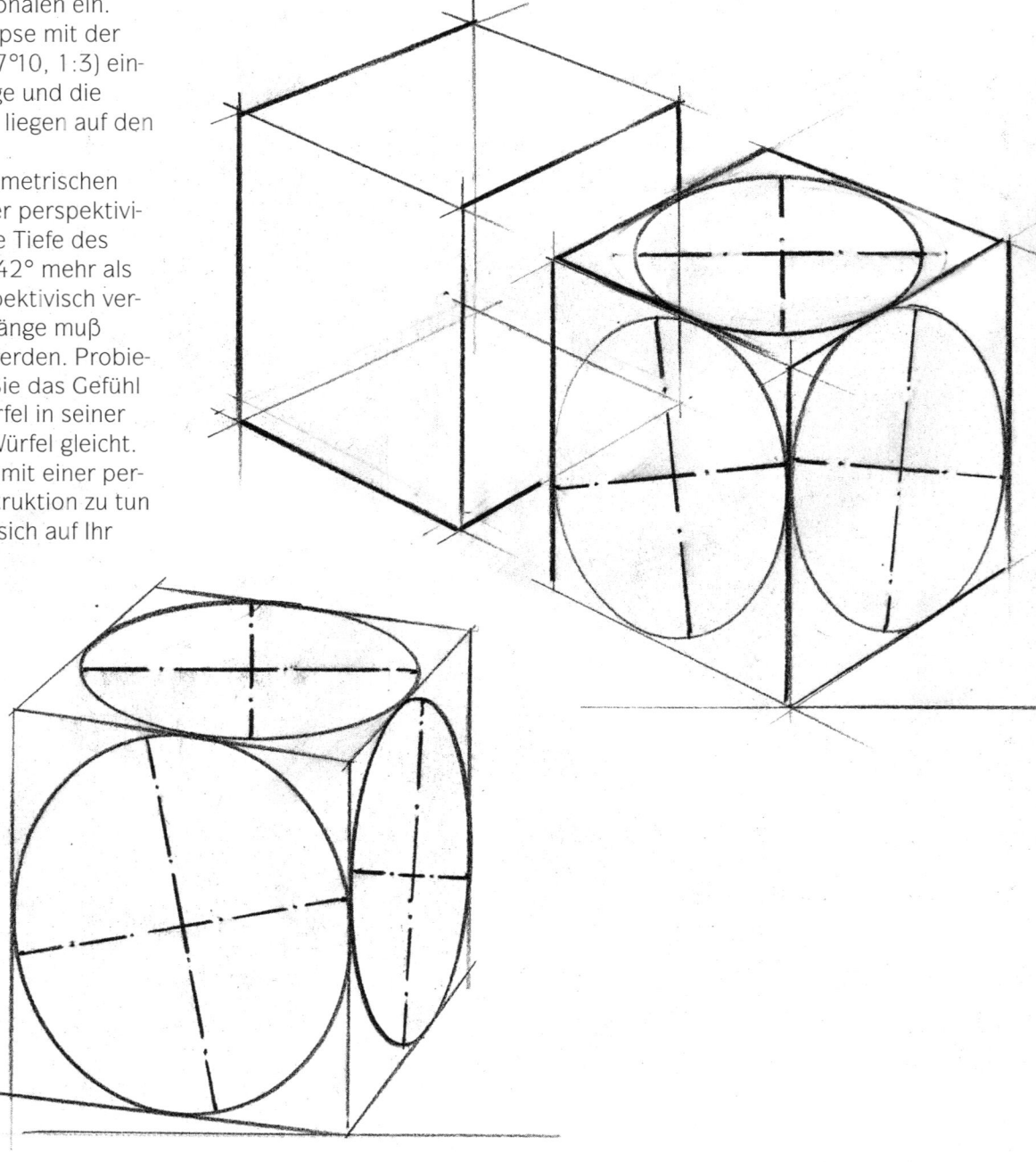

Perspektivische Darstellungen beziehen sich immer auf einen Beobachter mit einem Standpunkt, Blickwinkel und Horizont. Die daraus resultierenden Überlegungen zu Bestimmung des Horizonts mit seinen Fluchtpunkten können konstruiert werden. In diesem Buch werden die Perspektiven nicht konstruiert, die Fluchtpunkte und der Horizont liegen meist weit außerhalb des Zeichenformats, deshalb werden perspektivische Verkürzungen und Proportionen nach Augenmaß festgelegt.

Übung: Überarbeiten Sie die Skizze von Seite 18 oben mit Lineal und Schablone!
Man sollte darauf achten, ein Objekt gleich perspektivisch so zu zeichnen, daß man die vorgegebene Ellipsenform der Schablone verwenden kann.

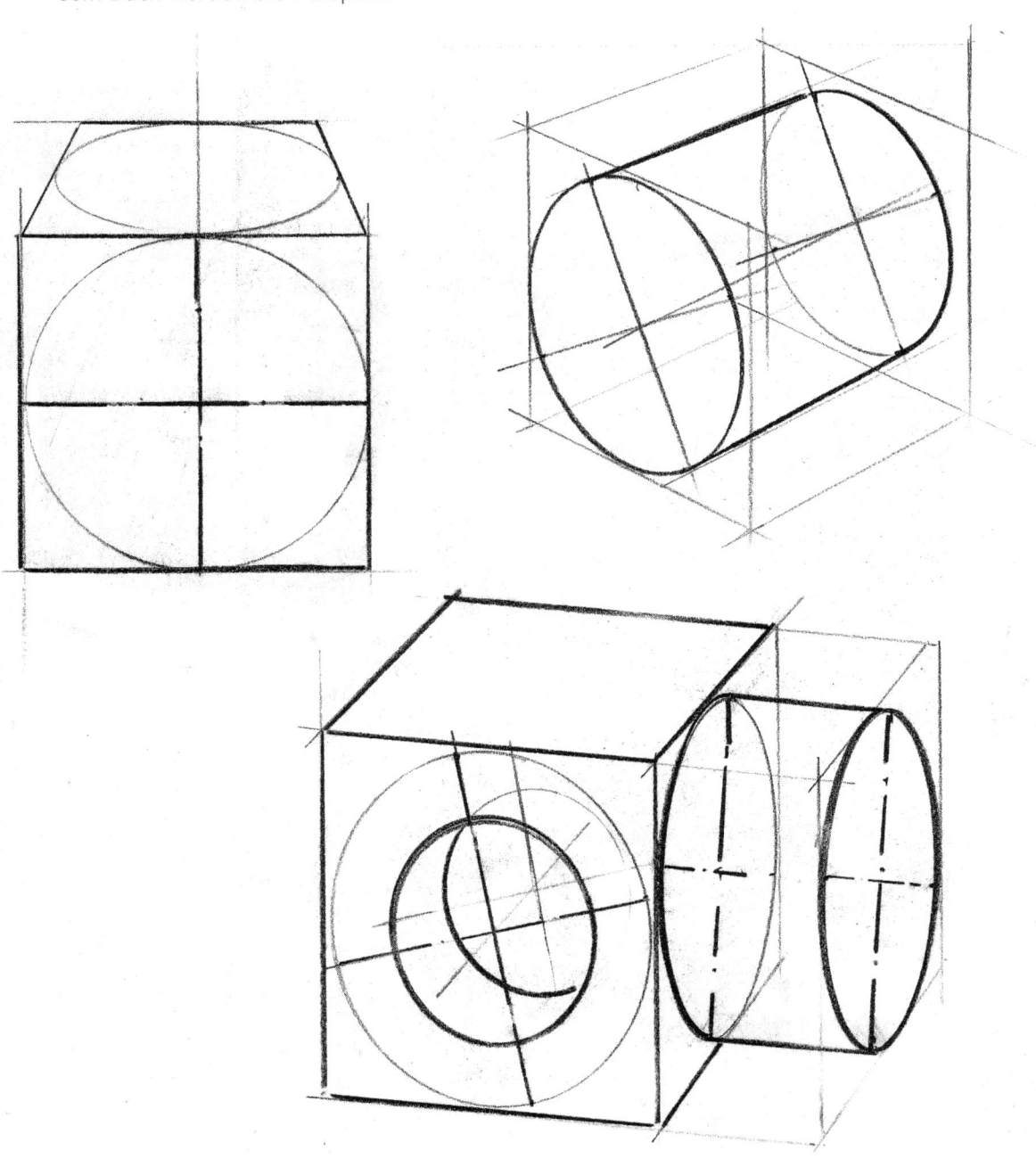

Übung: Freihandskizzen mit dem Lineal überarbeiten

Skizzieren Sie ein Stilleben bestehend aus einer Filmpackung, der Dose und einem Film. Spannen Sie nun Layoutpapier oder Skizzenpapier auf Ihr Zeichenbrett. Legen Sie die Vorskizze unter das Papier und korrigieren Sie die Vorzeichnung mit dem Lineal. Für Rundungen verwenden Sie eine Ellipsenschablone.

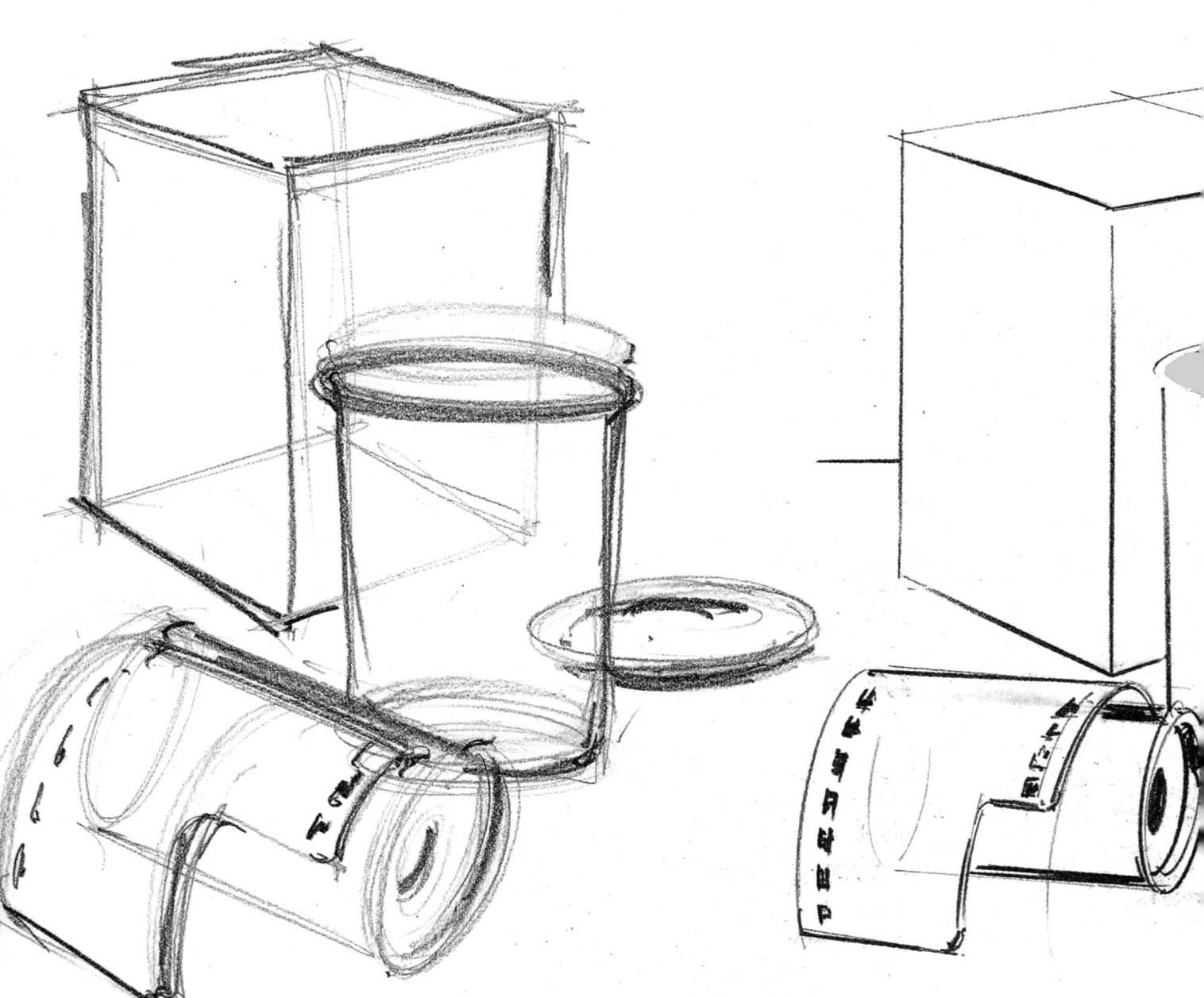

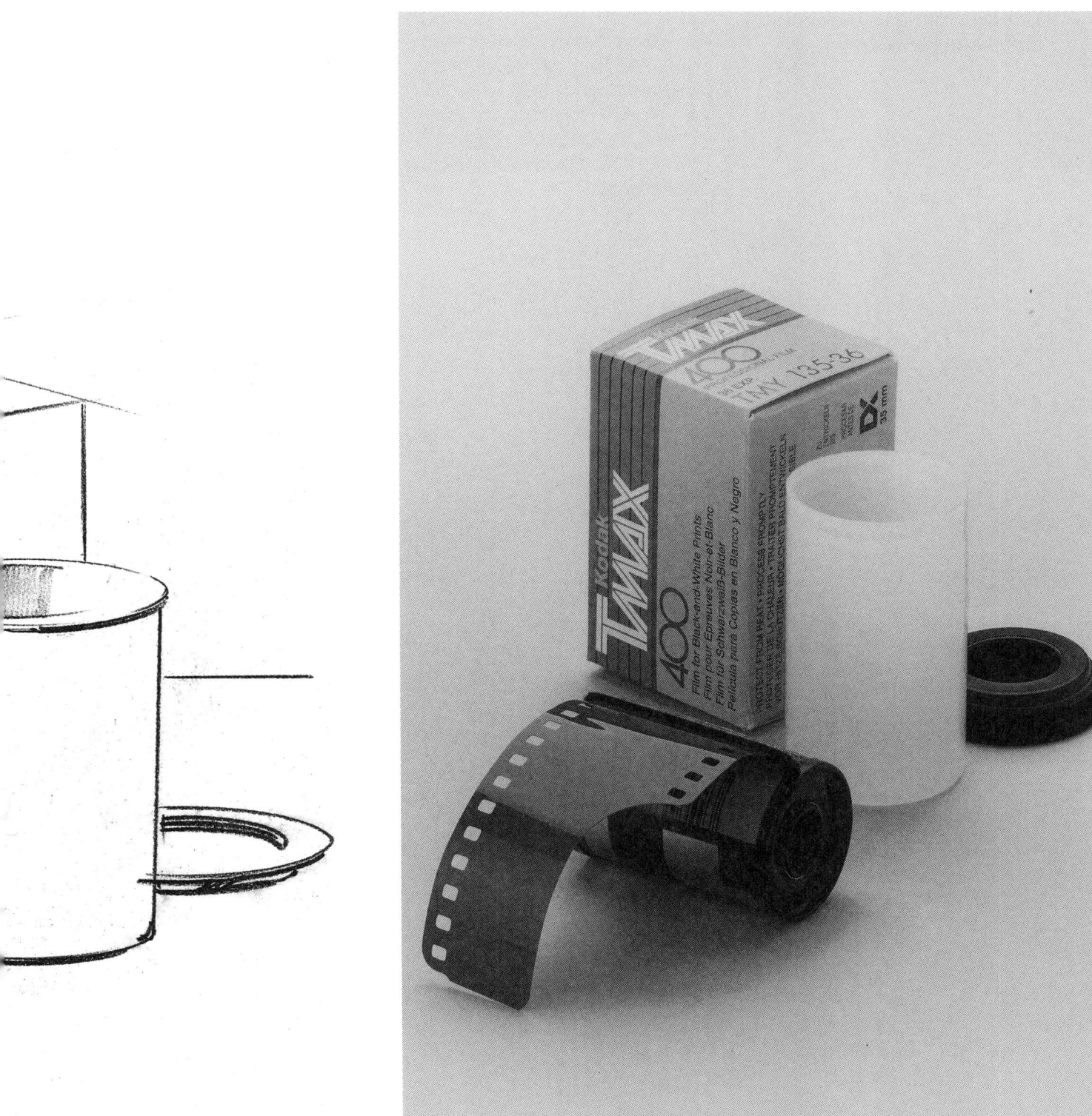

Zweite Übung: Überarbeiten von Freihandskizzen

Die überarbeitete Zeichnung gewinnt an Professionalität, wenn man nicht alle Linien krampfhaft nachzeichnet, sondern nur bestimmte Partien stärker durcharbeitet. Das Auge verlängert manche Linie automatisch und vervollständigt so das Erscheinungsbild.

Besonders interessant ist es, wenn sich die Merkmale von Freihandskizze und am Lineal vervollständigter bzw. korrigierter Zeich-

nung miteinander mischen: wenn zum Beispiel eine freihändig gezogene Linie auf eine am Lineal korrigierte trifft.
Es können auch durchaus »falsche« leichte Suchlinien stehenbleiben. Das Auge entscheidet sich von alleine für die richtige Konturlinie.

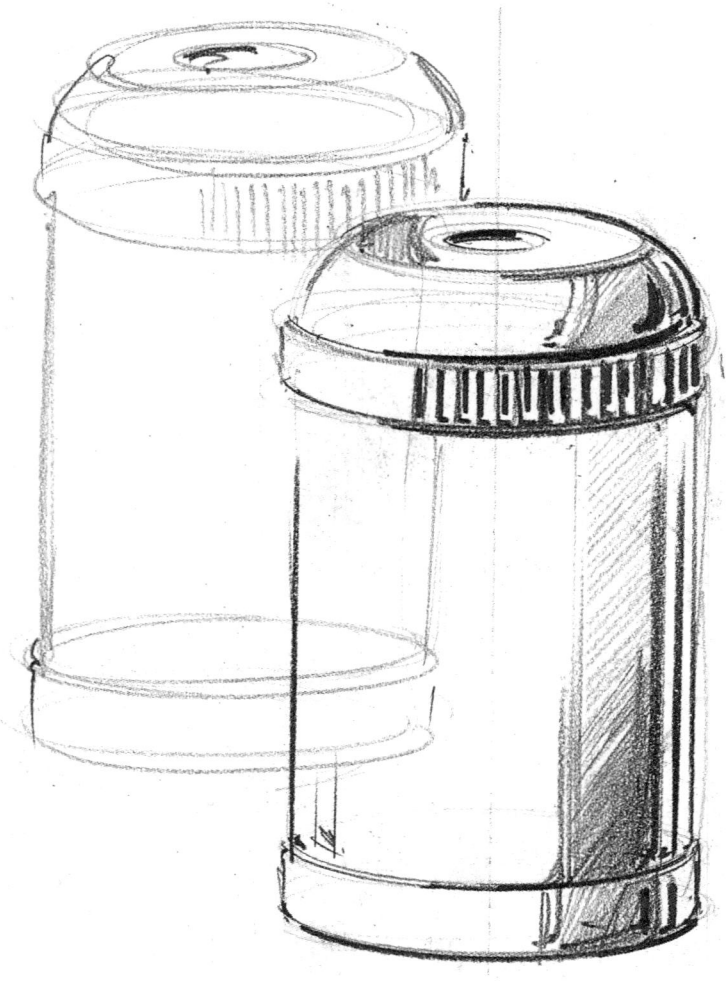

Freihand-Linie —

Korrigierte Linie

Einstieg in die Skizziertechnik

Strichstärken und Schraffuren

<u>Übung:</u> Skizzieren Sie eine Schachtel in leicht perspektivischer Aufsicht. Betonen Sie die wichtigsten Kanten.

Schraffieren Sie eine Seite und versuchen Sie dabei, Ober- und Unterkante nicht zu überschreiten. Beachten Sie, daß die Linien der sich gegenüber liegenden Seitenkanten in einer perspektivischen Zeichnung auf gemeinsame Fluchtpunkte zubewegen.

Fluchtpunkt und Horizont

Ein häufiger Fehler: Auch wenn in Ihrer Skizze die Fluchtpunkte vernachlässigbar scheinen, weil sie sich weit außerhalb Ihres Papierformats befinden müssen, verjüngen sich parallel liegende Seitenkanten auf einen imaginären Fluchtpunkt zu, der immer auf der Horizontlinie waagerecht liegen muß.

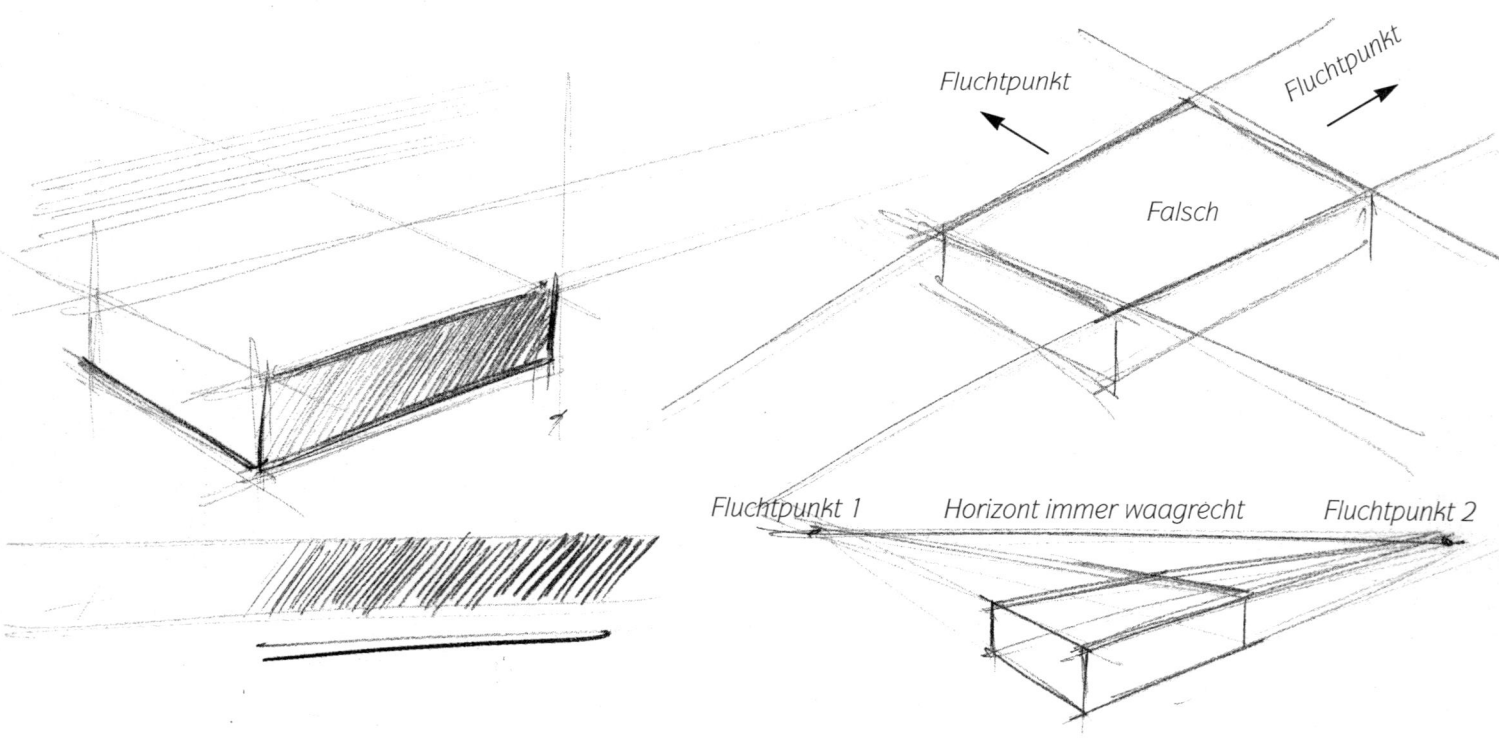

Beim Skizzieren liegen die Fluchtpunkte weit außerhalb des Zeichenformats.

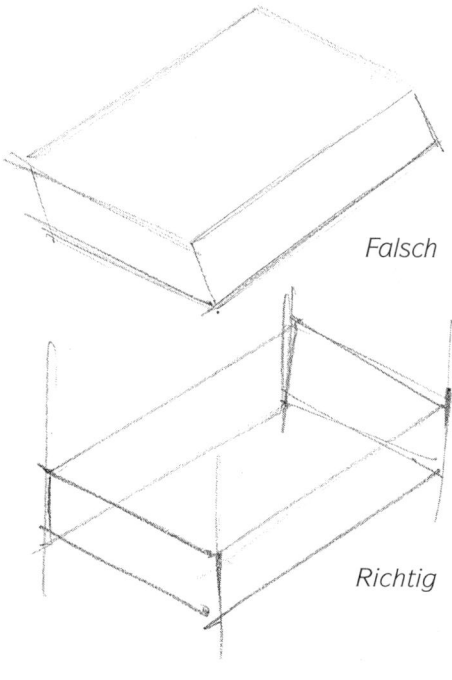

Falsch

Richtig

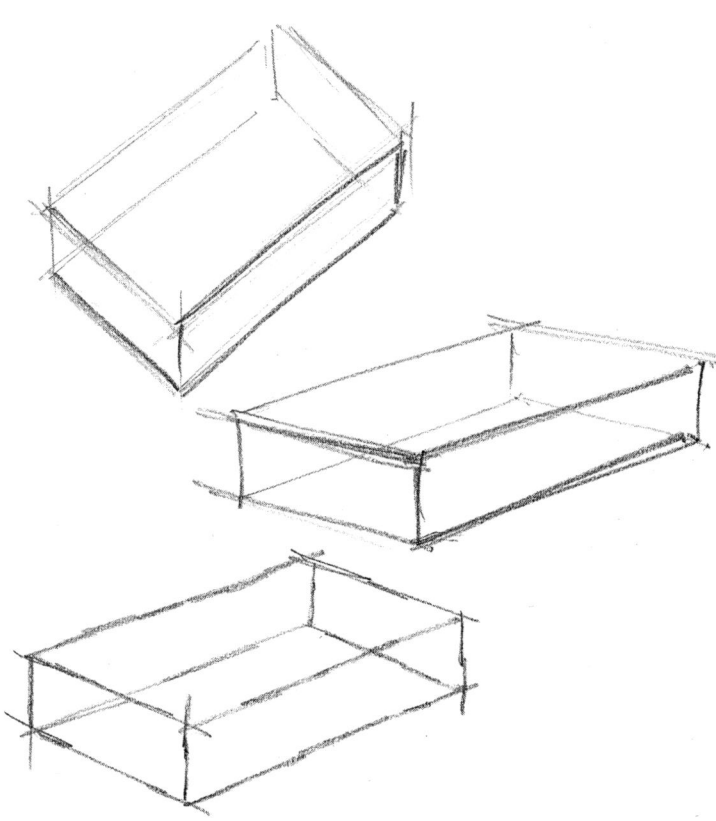

Senkrechte Linien

Liegt die Schachtel plan auf dem Tisch, sind die vertikalen Kanten senkrecht zu zeichnen.

Entfernung zum Gegenstand II
(siehe auch S. 12)

Im allgemeinen liegt der Gegenstand, den Sie abzeichnen wollen, direkt vor Ihnen auf dem Tisch. Es empfiehlt sich nicht, den Gegenstand - hier eine Schachtel - direkt so zu zeichnen, wie Sie ihn sehen. Sie erhalten sonst eine überzogene Aufsicht.
Legen Sie die Schachtel in eine Entfernung von 2 bis 3 Meter vor sich. So erhalten Sie eine ausgewogenere Perspektive. Versuchen Sie, aus dieser Entfernung alle weiteren Objekte zu skizzieren.

Der souveräne Strich

Zeichnen Sie großzügig die Linie durch, auch wenn die Richtung nicht immer ganz stimmt. Vermeiden Sie zittriges, unterbrochenes Stricheln.

Eckperspektive

Bei einer Perspektive mit zwei Fluchtpunkten, Eckperspektive genannt, sollen die abzubildenden Gegenstände auch leicht über Eck gestellt sein.

Hier stimmt die Stellung »über Eck« nicht. Die Vorderkante des Objekts kommt auf einer waagerechten Linie zu liegen.

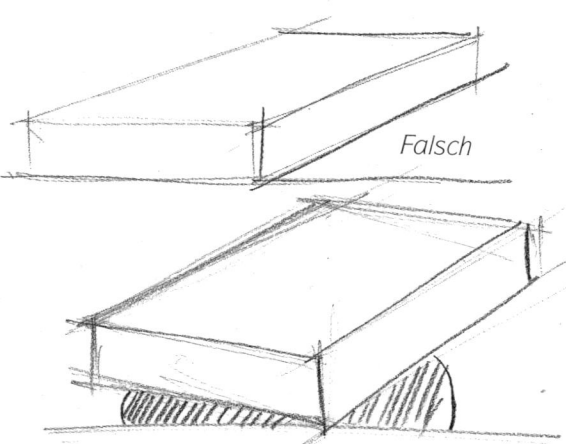

Falsch

Richtig: Die Schachtel liegt leicht über Eck.

Durchdringung

Zeichnen Sie beim Skizzieren immer auch die nicht sichtbaren Linien mit.

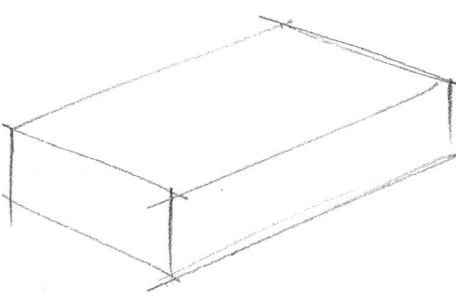

Falsch: Die nicht sichtbaren Kanten fehlen.

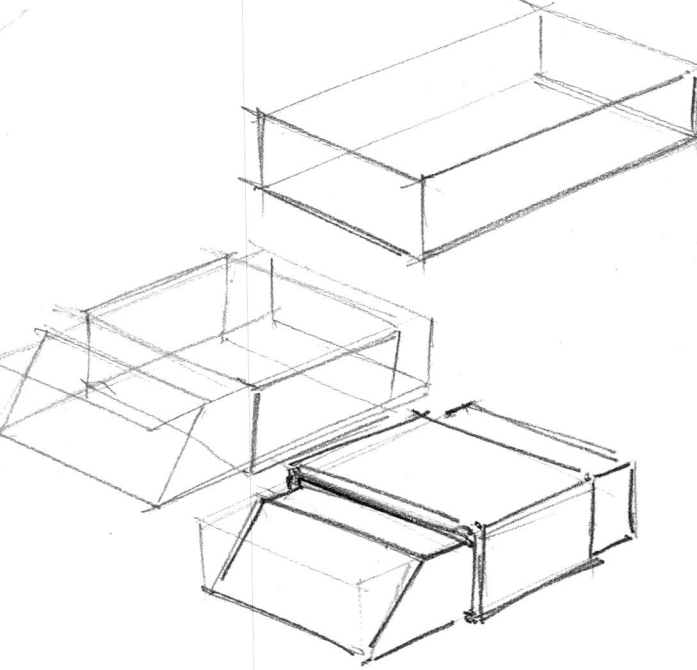

Bleiben die Suchlinien stehen, ist es auch einfacher, eine Schräge zu finden, wie hier bei einem Radiergummi angedeutet.

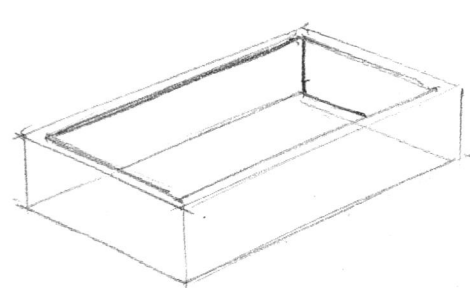

Materialstärke

Eine Skizze wird dann plastisch, wenn in der Zeichnung auch die Materialstärke des Gegenstandes angedeutet wird.

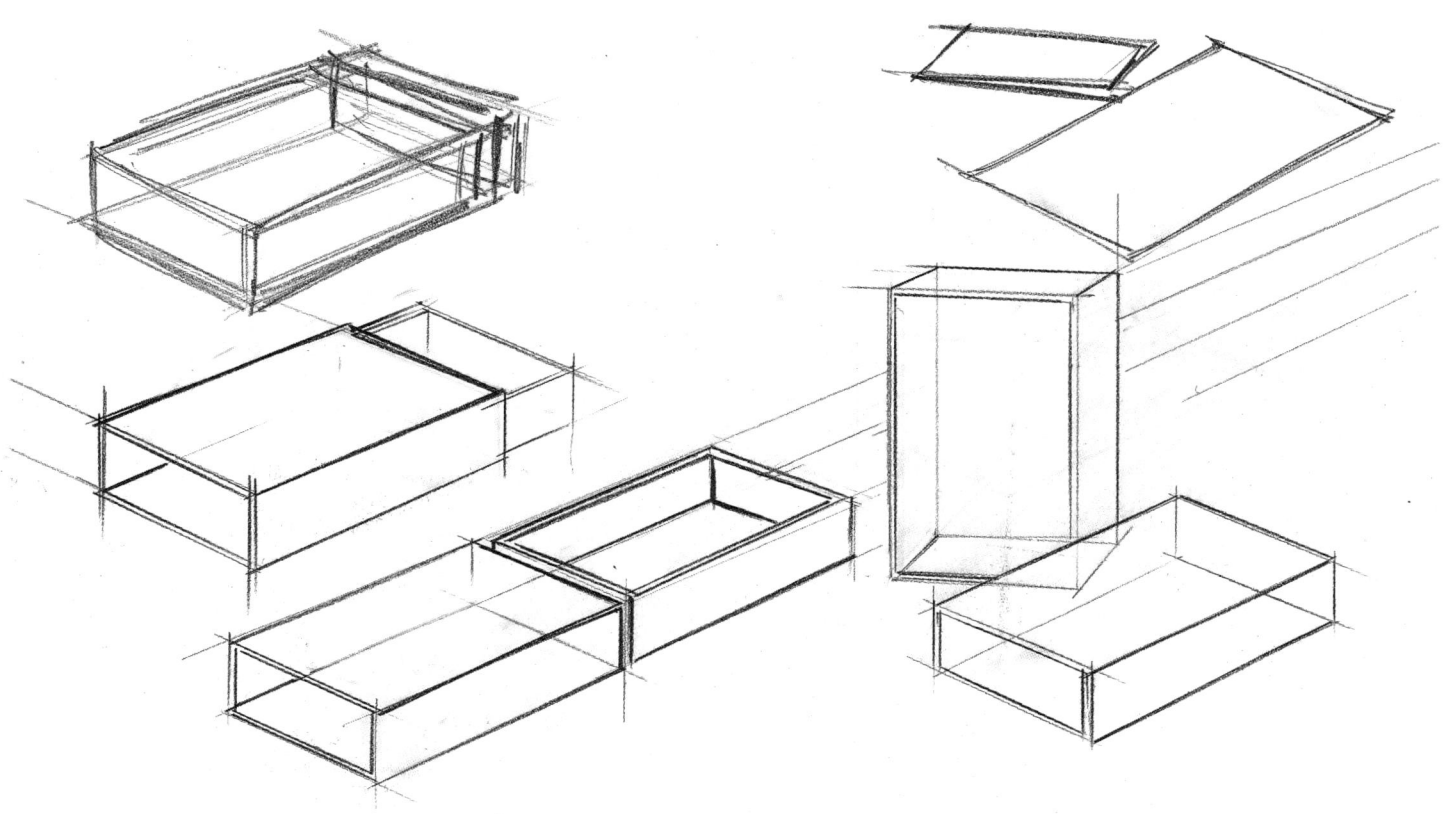

Suchspuren

Anskizzieren ist eine Technik, sich an einen Gegenstand zeichnerisch heranzutasten, ihn abzutasten. Die Suchspuren werden nicht wegradiert, vergessen Sie beim Skizzieren am besten den Radiergummi.

Korrekturen

Überprüfen Sie immer die perspektivische Ausrichtung der Seitenkanten. Fluchten diese auch in die richtige Richtung? Verlängern Sie die Kanten in Richtung eines imaginären Fluchtpunktes, der sich weit außerhalb Ihres Blattes befinden muß.

Mehrere Körper zusammenstellen

Beim Skizzieren mehrerer Körper, die sich teilweise überschneiden, ist es sinnvoll, mit den Grundflächen zu beginnen.
Im zweiten Schritt werden dann ausgehend von der Grundfläche zunächst die Seitenkanten und dann parallel zur Grundfläche die Oberseiten der Körper gezeichnet. Beginnen Sie immer mit dem vordersten Gegenstand und gehen Sie dann in der richtigen Reihenfolge nach hinten.

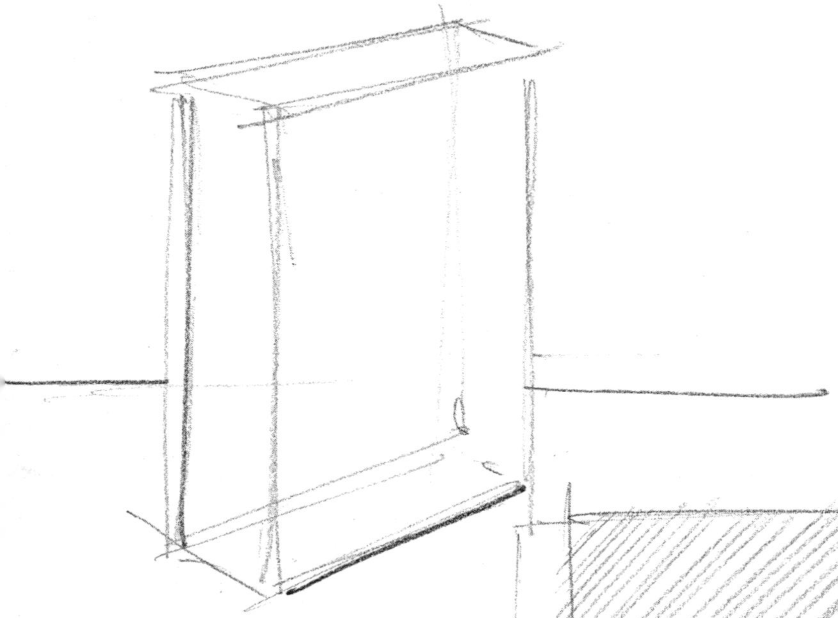

Begrenzungen

Durch ein paar verstärkte Linien, die am Lineal entlang gezeichnet werden, wird die Begrenzung des gemeinten Körpers gegenüber dem Hintergrund deutlich. Diese Begrenzungslinien strahlen auch auf die vorderen Linien der Frei-handskizze aus.

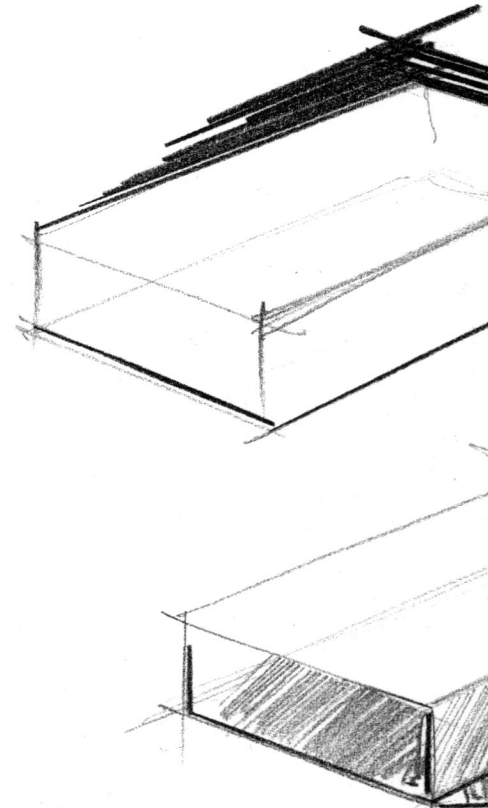

Raum

Durch das Andeuten einer einfachen Linie im Hintergrund steht der Körper im Raum. Dieser Raum ist durch Linie und Gegenstand in einen Hintergrund und einen Vordergrund gegliedert.

Eine weitere, beliebte Methode ist es, den Raum durch eine angedeutete Fläche im Hintergrund zu gliedern.

Licht und Schatten

Deutliche Strukturierung einer
Zeichnung durch unterschiedliche
Lichter und Schatten machen Frei-
handskizzen zu präzisen Entwurfszeichnungen.

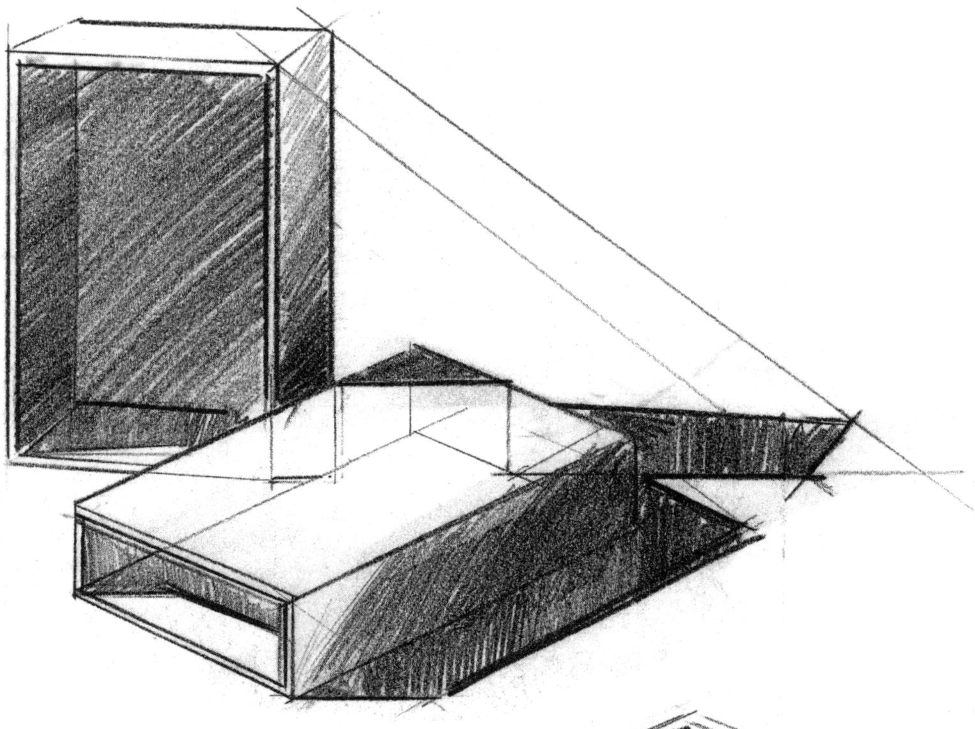

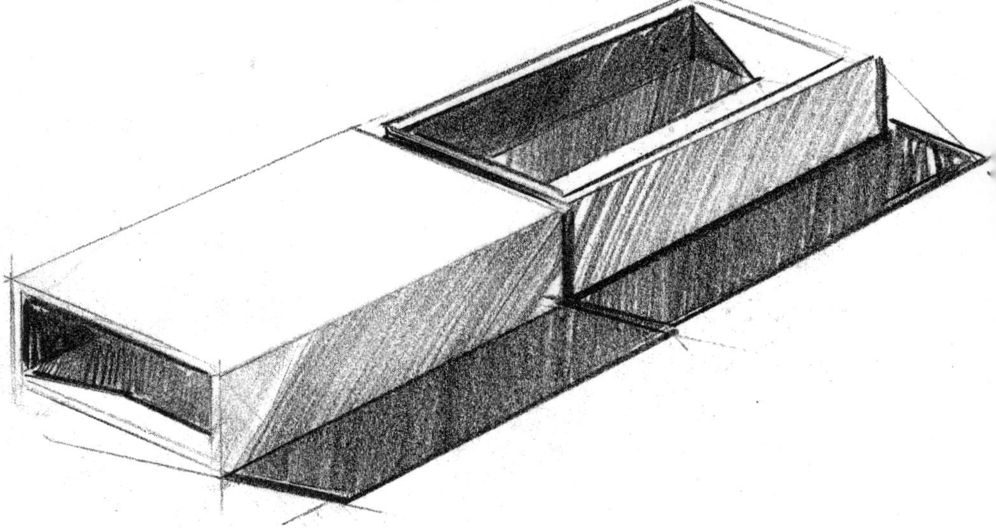

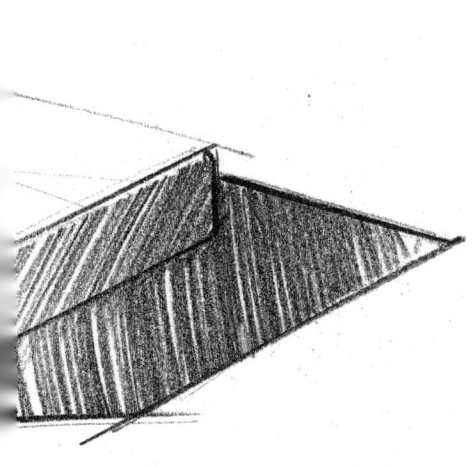

Präzise gezeichnete Körper- und
Schlagschatten geben einer Freihandskizze Halt. Es entsteht ein
spannungsreiches Bild von lockeren, freien und präzis-genauen
Linien. Welche Linien mit dem

Lineal zu stützen sind und welche
frei gezeichnet werden, unterliegt
keiner Regel, sondern läßt sich nur
durch viel Üben und einige Erfah-
rungen herausfinden.

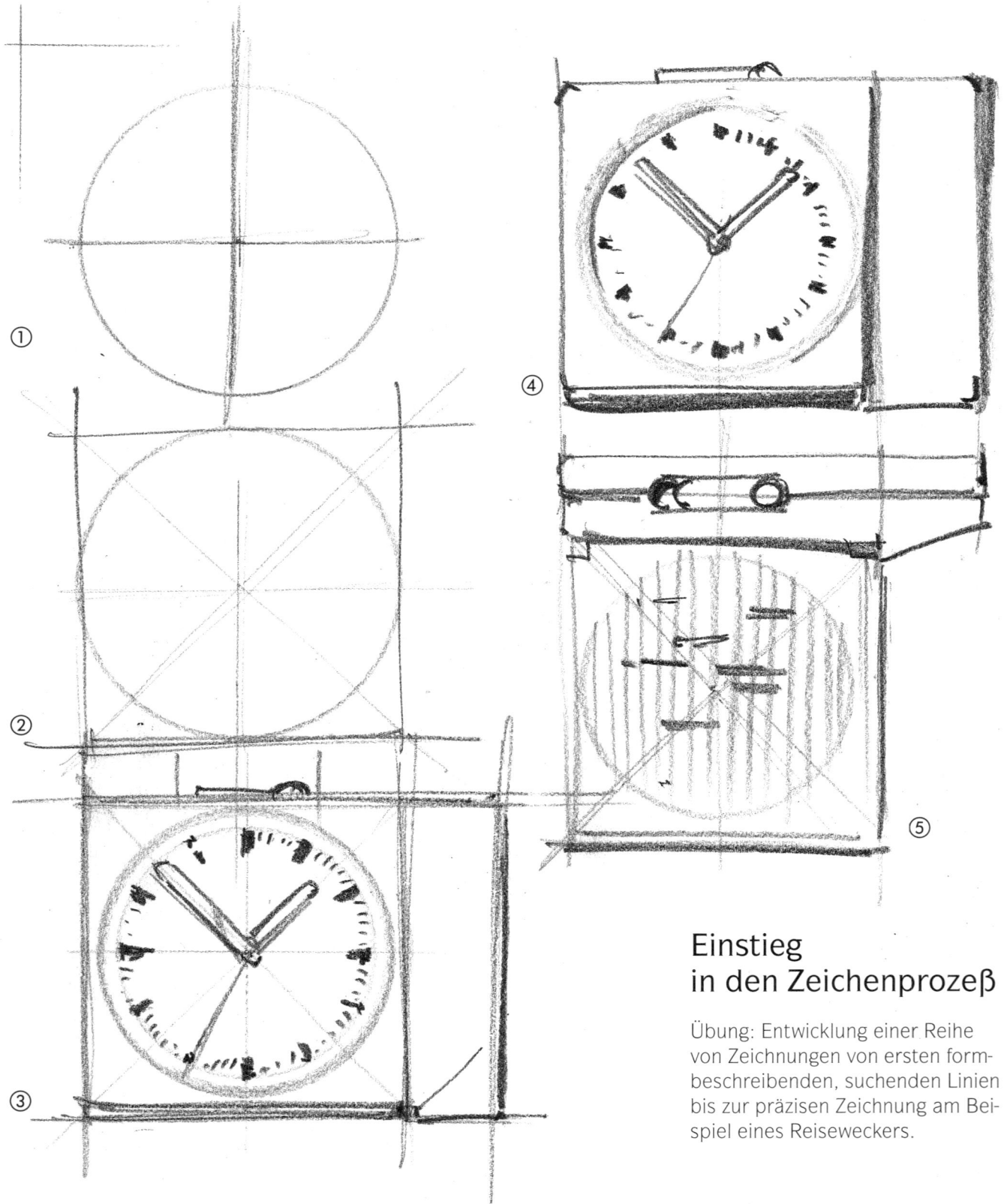

① ② ③ ④ ⑤

Einstieg in den Zeichenprozeß

Übung: Entwicklung einer Reihe von Zeichnungen von ersten form-beschreibenden, suchenden Linien bis zur präzisen Zeichnung am Beispiel eines Reiseweckers.

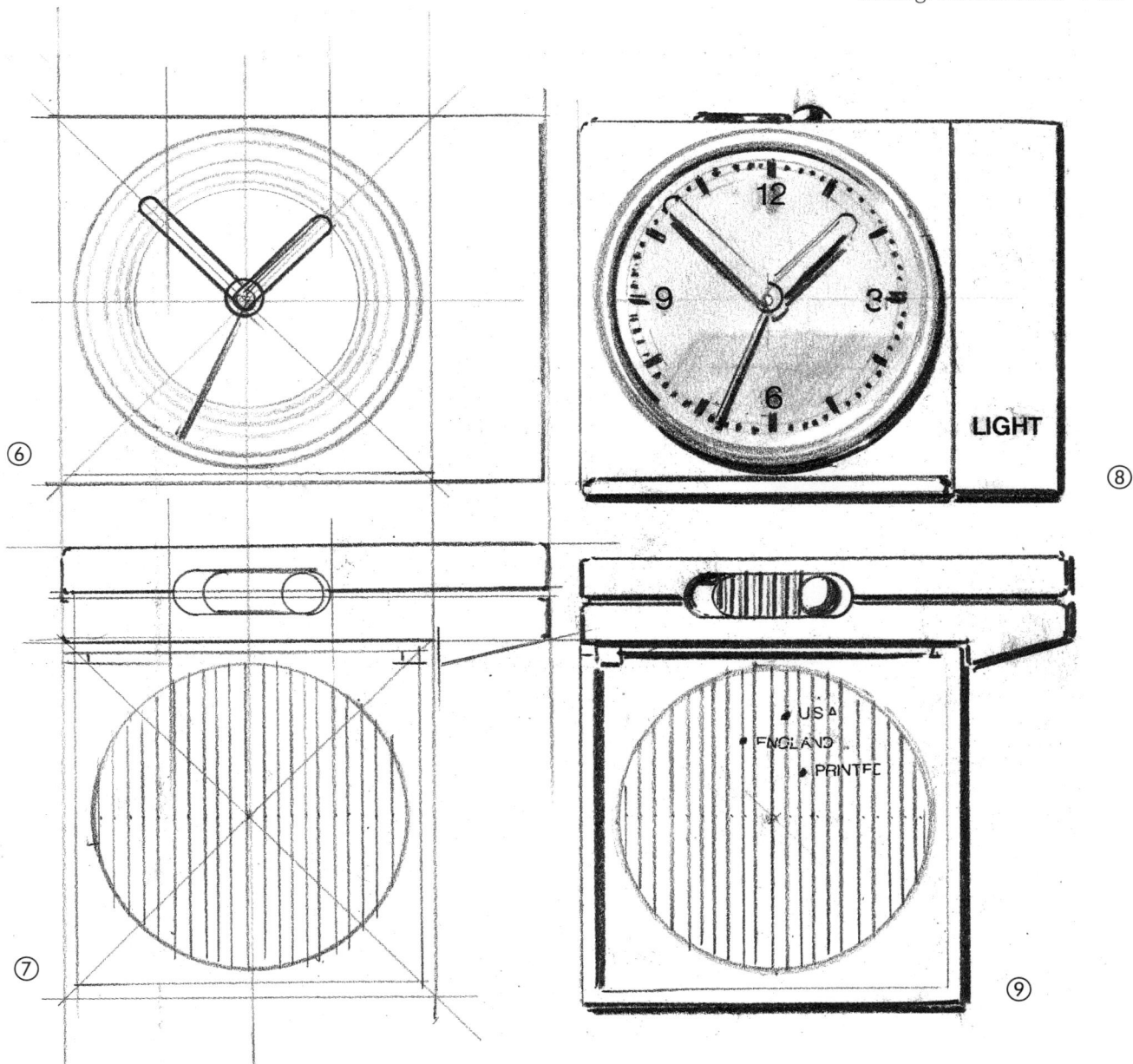

⑥ ⑦ ⑧ ⑨

Übung: Reisewecker I

<u>Erster Schritt:</u> Beobachten Sie zunächst den Gegenstand genau. Beim Reisewecker findet man die richtigen Proportionen sehr schnell. Man beginnt mit einem Kreis, der von einem Quadrat umschlossen ist, und hat damit Maßvorgaben, um die sich die weiteren Elemente leicht an- und proportional richtig zuordnen lassen (3. Bild).

Bedenken Sie, es ist immer etwas einfacher, um einen Kreis ein Quadrat zu zeichnen als umgekehrt, in ein Quadrat einen Kreis einzufügen. Da ein Kreis, aus der Hand gezeichnet, nicht sofort kreisrund ist, kann man sich auf die schnelle mit einem Glas oder einem anderen Rundkörper behelfen, den man als Schablone verwendet.

Im <u>zweiten Schritt</u> (Bildfolge 6 bis 9) wird ein Transparentpapier über die Vorskizze gelegt und dann mit Lineal und Zirkel korrigiert. Unterschiedliche Strichstärken, um Licht- und Schatteneffekte zu erzielen, Trennfugen und angedeutete Materialstärke lassen die Zeichnung räumlich erscheinen.

Skizzieren Sie einen ähnlichen Körper und stellen Sie ihn in Ansicht und Aufsicht dar.

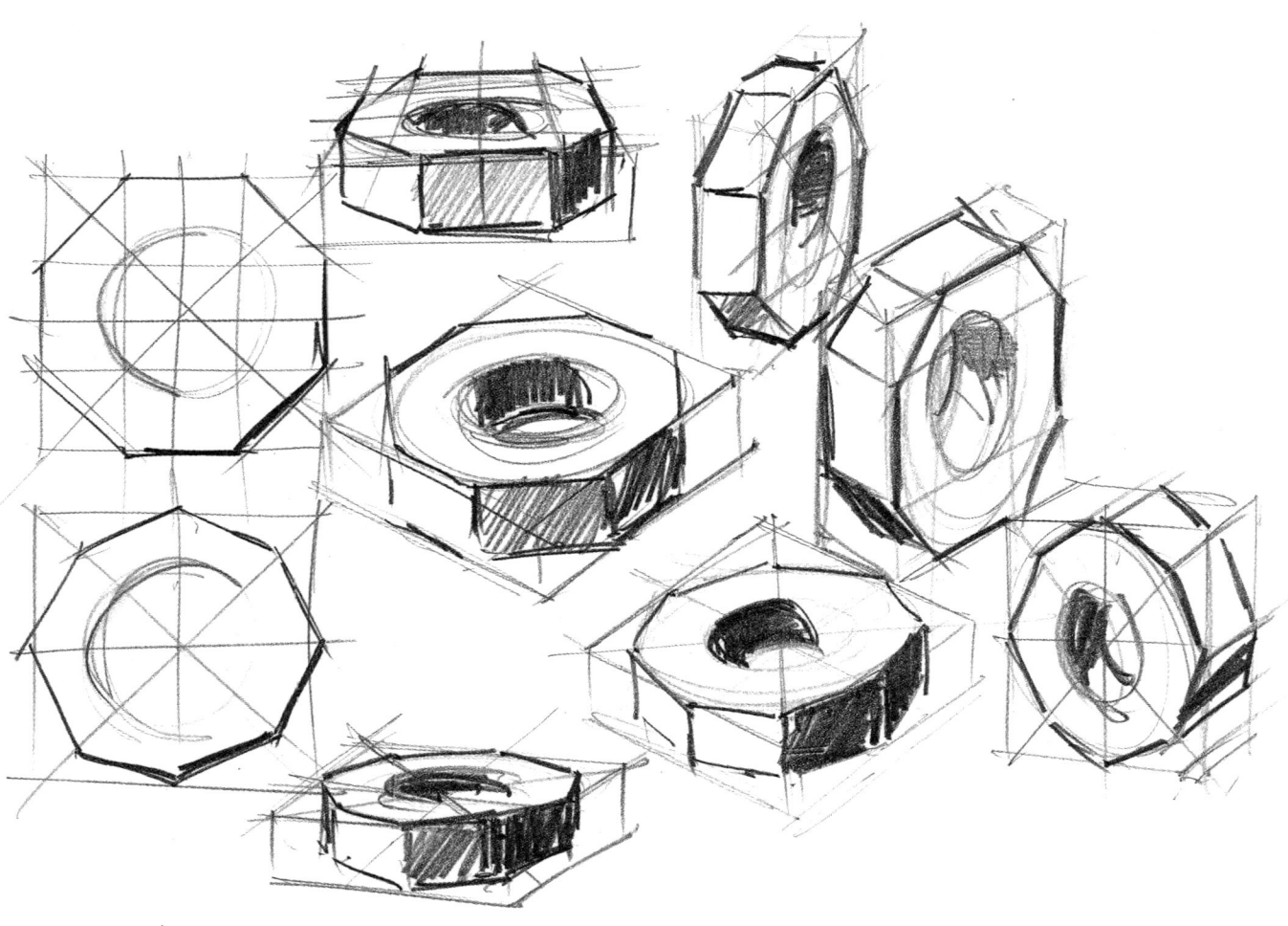

Übung: Schraubenmutter

Zeichnen Sie in Übergröße einen achteckigen Körper mit Loch, wie er für eine Schraubenmutter typisch ist.

Bevor Sie zu skizzieren beginnen, machen Sie sich anhand einer Prinzipzeichnung klar, wie Achteck, Quadrat und Kreis zusammenhängen.

So wird ein Achteck aus einem Quadrat entwickelt: Skizzieren Sie zunächst ein Quadrat, verändern Sie durch Anfügung senkrechter Hilfslinien das Quadrat zu einem Quader, wie in den Abbildungen oben rechts zu sehen.

Übertragen Sie die Maßverhältnisse der Prinzipzeichnung auf perspektivische Zeichnungen des Quaders. Sie werden sehen, mit einiger Übung wird es immer leichter.

Übung: Serviettenring

Erster Schritt:
Skizzieren Sie wiederum ein Acht-
eck mit Loch. Beginnen Sie dieses
Mal mit einem Kreis oder - in
perspektivischer Sicht - mit einer
Ellipse.
Zeichnen Sie um den Kreis bzw.
die Ellipse ein Quadrat. Erweitern
Sie dieses Quadrat zum Achteck
und verändern Sie dann die flächige
Zeichnung zu einem Körper.

Zweiter Schritt:
Nehmen Sie nun die Vorskizze und
spannen Sie sie auf ein Zeichenbrett. Legen Sie Transparentpapier darüber und korrigieren Sie
mit Lineal und Schablone. Fertigen
Sie eine Strichzeichnung an.
Im folgenden können Sie Lichter,
Schatten dazuarbeiten und somit
die Zeichnung plastischer erscheinen lassen (siehe Kapitel »Licht
und Schatten«, Seite 35).

Übung: Tintenfaß

Skizzieren Sie ein Tintenfaß, indem Sie sich zunächst der »Verpackungsschachtel« widmen.

Die Verpackung ist die engste Volumenumfassung, innerhalb der sich das Tintenfaß befinden muß. Stellen Sie sich vor, Sie wären ein Bildhauer und die quaderförmige Verpackung ist Ihr Stein, aus dem die Figur des Tintenfasses heraus-

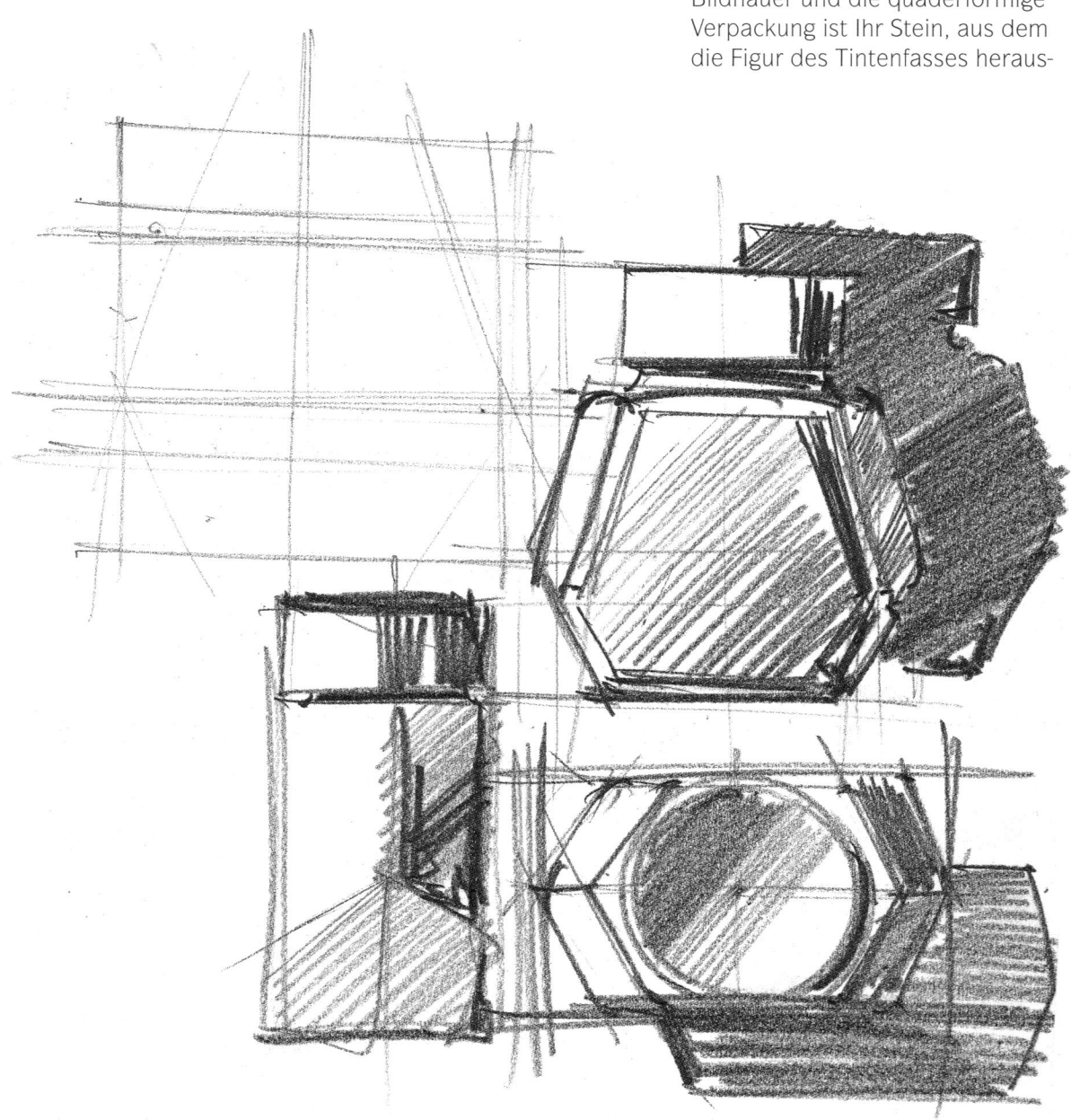

geschlagen wird. Sie nehmen also Stück für Stück etwas von diesem quaderförmigen Körper weg, um die Form des Tintenfasses zu finden.

Skizzieren Sie zunächst Ansichten. Dann sind die Proportionen leichter zu finden. Suchen Sie sich Bezugslinien. Die lassen sich besser und leichter in einer Perspektivzeichnung finden (siehe S. 32).

Beginnen Sie auch bei der Perspektive zunächst damit, eine Schachtel zu zeichnen, die man sich auch als Verpackung vorstellen kann.

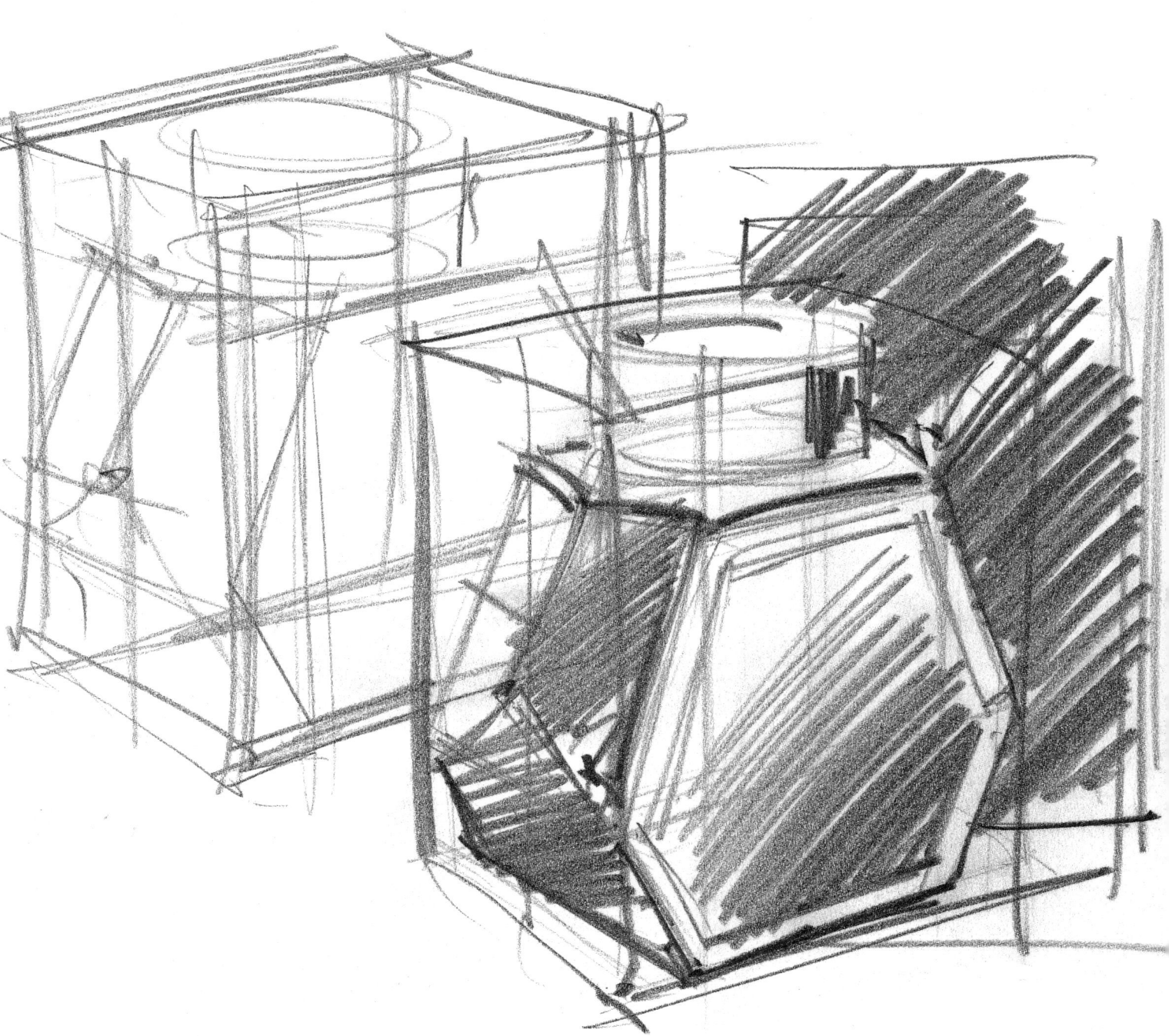

Von der Skizze über die maßhaltige Zeichnung zur Entwurfsdarstellung

Nachdem Sie das Tintenfaß skizziert haben, vermessen Sie die Verpackung und das Tintenfaß und tragen Sie die Maße in die Ansichtszeichnung ein.

Stellen Sie das Tintenfaß nun leicht schräg auf und verändern Sie Ihre Ansichtsdarstellung zu einer Perspektivzeichnung. Suchen Sie die Berührungspunkte des Tintenfasses mit der Verpackung.

Alle Zeichnungen sind hier verkleinert wiedergegeben.

Übung Entwurfdarstellung: Tintenfaß in Perspektive

<u>Erster Schritt:</u> Perspektivische Darstellung des Quaders mit 30°/30° Winkel, Höhe = 7,2 cm, Breite = 6,5 cm. Tiefe = 3,8 cm. Zeichnen Sie den Quader als Durchdringung, das heißt auch die nicht sichtbaren Kanten mitzeichnen. Denken Sie daran, daß die oberen Kanten des Quaders optisch parallel wirken müssen, also zu einem imaginären Fluchtpunkt außerhalb des Zeichenformats fluchten.

<u>Zweiter Schritt:</u> Zeichnen Sie zunächst die Diagonalen in der Grund- und Deckfläche. In den Schnittpunkten halbiert sich der Quader.

<u>Dritter Schritt:</u> Zeichnen Sie in einer Höhe von 2,5 cm eine Ebene in den Quader. Sie finden so die Punkte A^1 und A^2. An diesen Punkten berührt das Tintenfaß die Verpackung.
Zeichnen Sie nun in 5,5 cm Höhe die nächste Ebene in den Quader. Durch den Schnittpunkt der Diagonalen zeichnen Sie die beiden Ach-

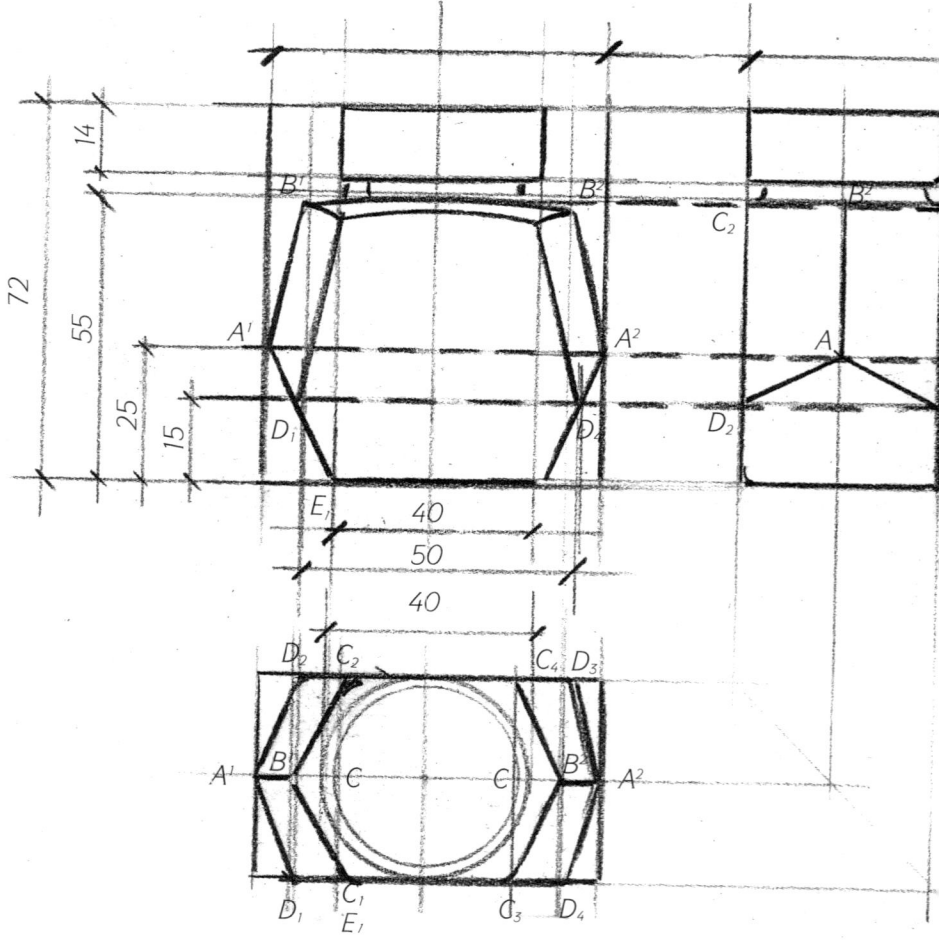

sen. Auf der Längsachse finden Sie in 2,5 cm Abstand vom Schnittpunkt links B^1 und rechts B^2. Auf der gleichen Längsachse finden Sie auch in 2 cm Abstand vom Schnittpunkt der Diagonalen links und rechts C. Mit Parallelen zur Querachse durch C, finden Sie C^1, C^2, C^3, C^4.

Vierter Schritt: Verbinden Sie nun A^1, B^1, C^2, C^4, B^2, C^3, C^1, B^1 und B^2, A^2. Zeichnen Sie den zylindrischen Verschluß mit der Ellipsenschablone für isometrische Ellipsen (30°, 1:1,7 DIN 5), Durchmesser = 3,5 cm.

Fünfter Schritt: Verbinden Sie den Unterteil des Tintenfasses, indem Sie eine weitere Ebene in 1,5 cm Höhe einzeichnen und die Berührungspunkte des Tintenfasses auf dem Boden der Verpackung festlegen.

Sechster Schritt: Die grobe Form des Tintenfasses und die Verpackung ist nun fertig. Suchen Sie ein ähnliches Objekt zum Üben.

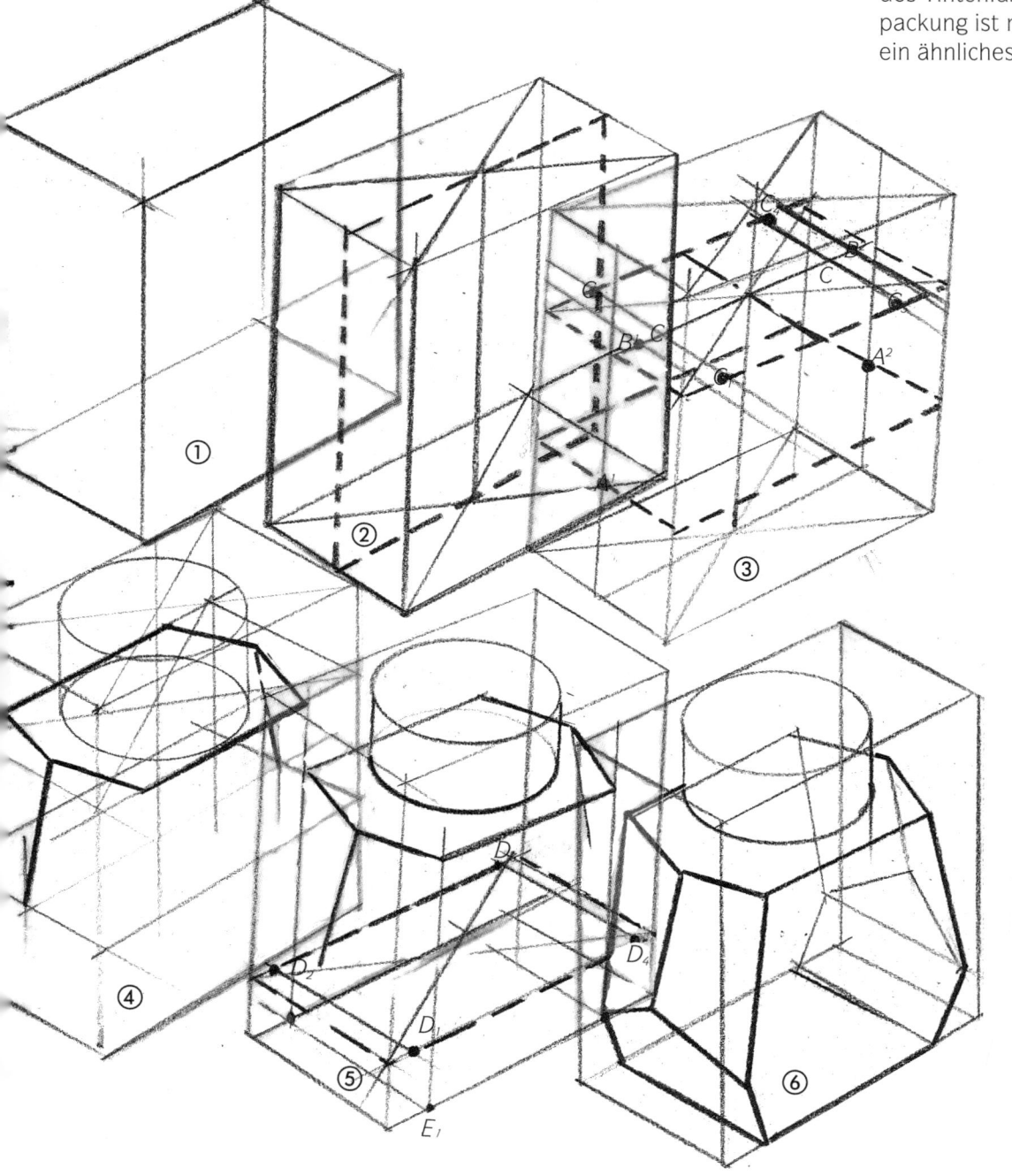

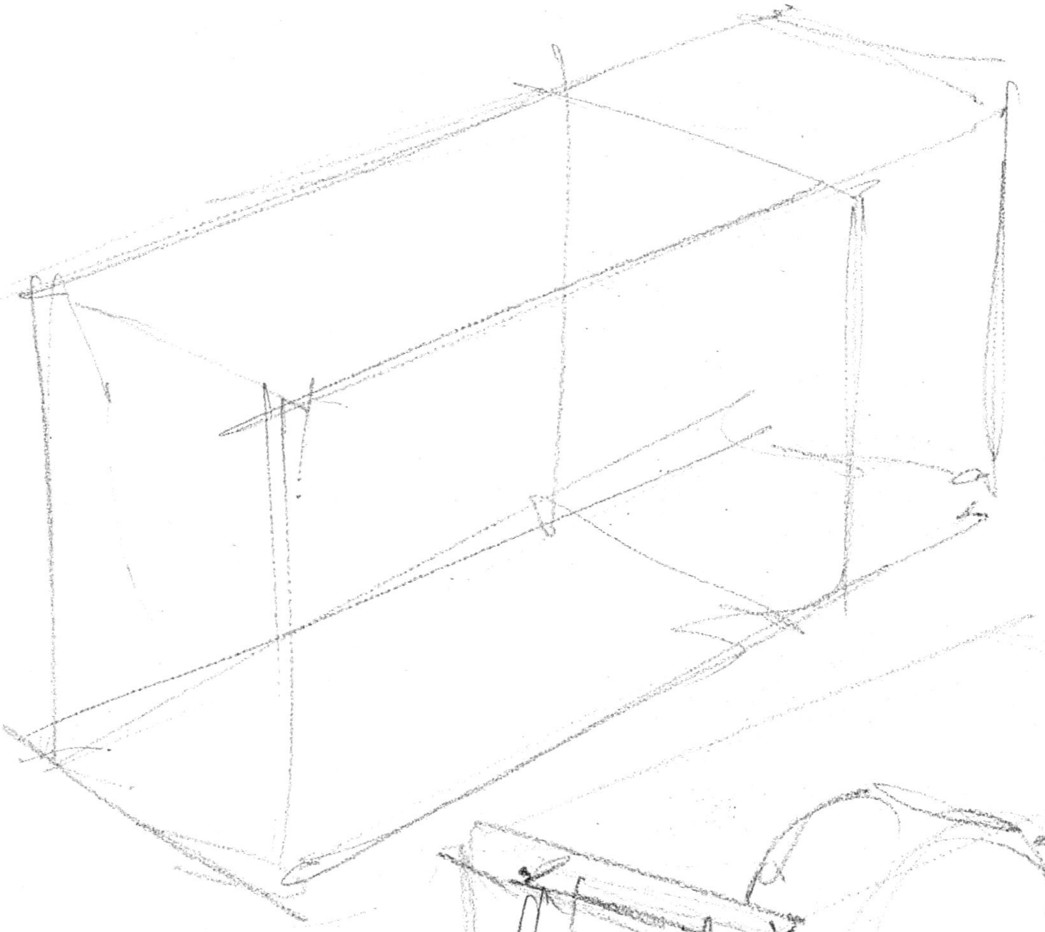

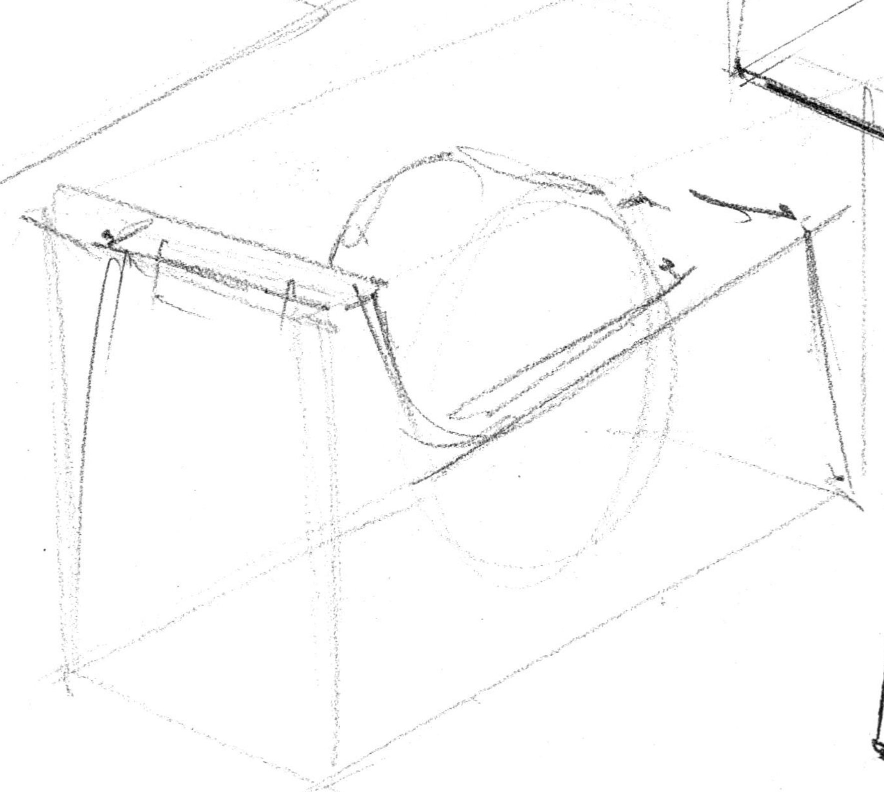

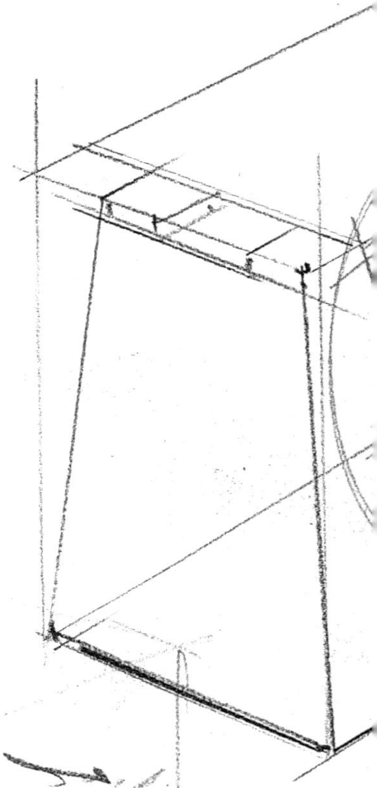

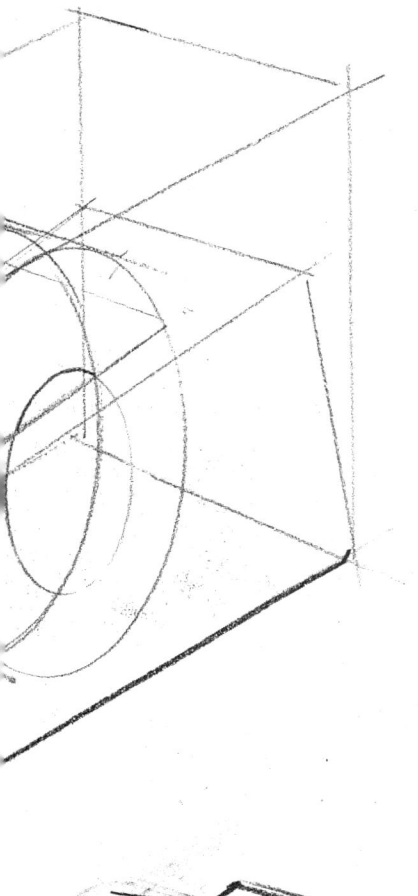

Übung Tesaroller

Die in der vorhergehenden Übung genau ausgeführte Skizziertechnik wird an einem ähnlichen Objekt - hier ein Tesaroller - trainiert. Auch hier beginnen wir an einer möglichen »Verpackung«, um das Volumen des Tesarollers einzugrenzen.

Tasten Sie sich in einem zweiten Schritt über Suchlinien an die eigentliche Form heran. Korrigieren Sie Ihre perspektivische Zeichnung, wenn nötig. Zeichnen Sie immer die unsichtbaren Linien mit.

In der Endzeichnung lassen Sie dann die unsichtbaren Linien weg, betonen aber mit unterschiedlichen Strichstärken Kanten und Schattenfugen.
Geben Sie Ihrem Strich mehr Dynamik, indem Sie schnell und doch locker zeichnen. Üben Sie unterschiedlichen Druck auf den Bleistift aus.

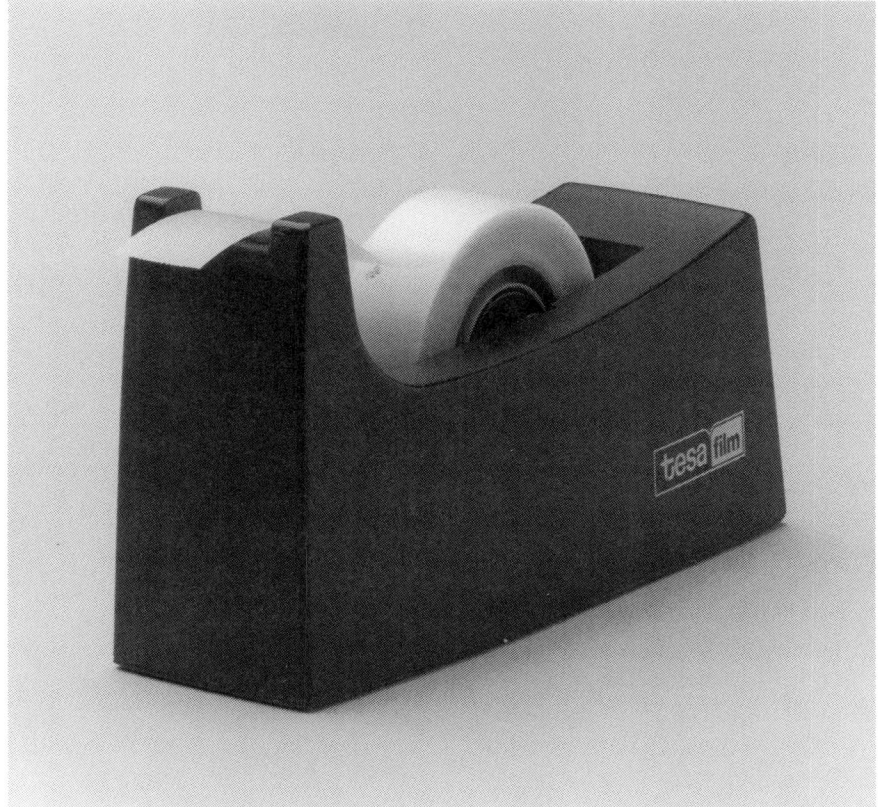

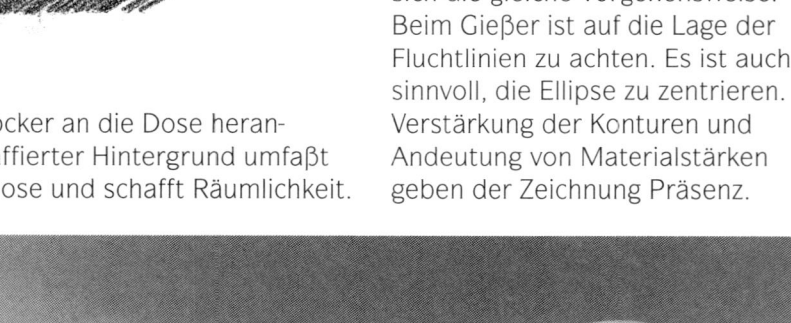

Übung:
Dose und Milchkännchen

Ein locker an die Dose heran-schraffierter Hintergrund umfaßt die Dose und schafft Räumlichkeit.

Jetzt ist das Stadium erreicht, die Freihandskizze mit dem Lineal zu überarbeiten (Bild 4).

Für das Milchkännchen empfiehlt sich die gleiche Vorgehensweise. Beim Gießer ist auf die Lage der Fluchtlinien zu achten. Es ist auch sinnvoll, die Ellipse zu zentrieren. Verstärkung der Konturen und Andeutung von Materialstärken geben der Zeichnung Präsenz.

Eine Steigerung im Schwierigkeits-grad gegenüber Körpern, die sich auf Quadrat und Rechteck reduzie-ren lassen, stellt die zeichnerische Wiedergabe von runden Körpern dar. Eine Zuckerdose und ein Milchkännchen eignen sich beson-ders gut für den Einstieg in das Zeichnen von Rundkörpern.

Aus dem Kreis wird durch Hinzufü-gung von Ellipsen eine Kugel. Einen konisch zulaufenden Zylin-der, von unten an die Kugel gefügt - wieder auf die gleichen Abstände der Ellipsen achten - und schon ist die Dose fertig (Bild 3).

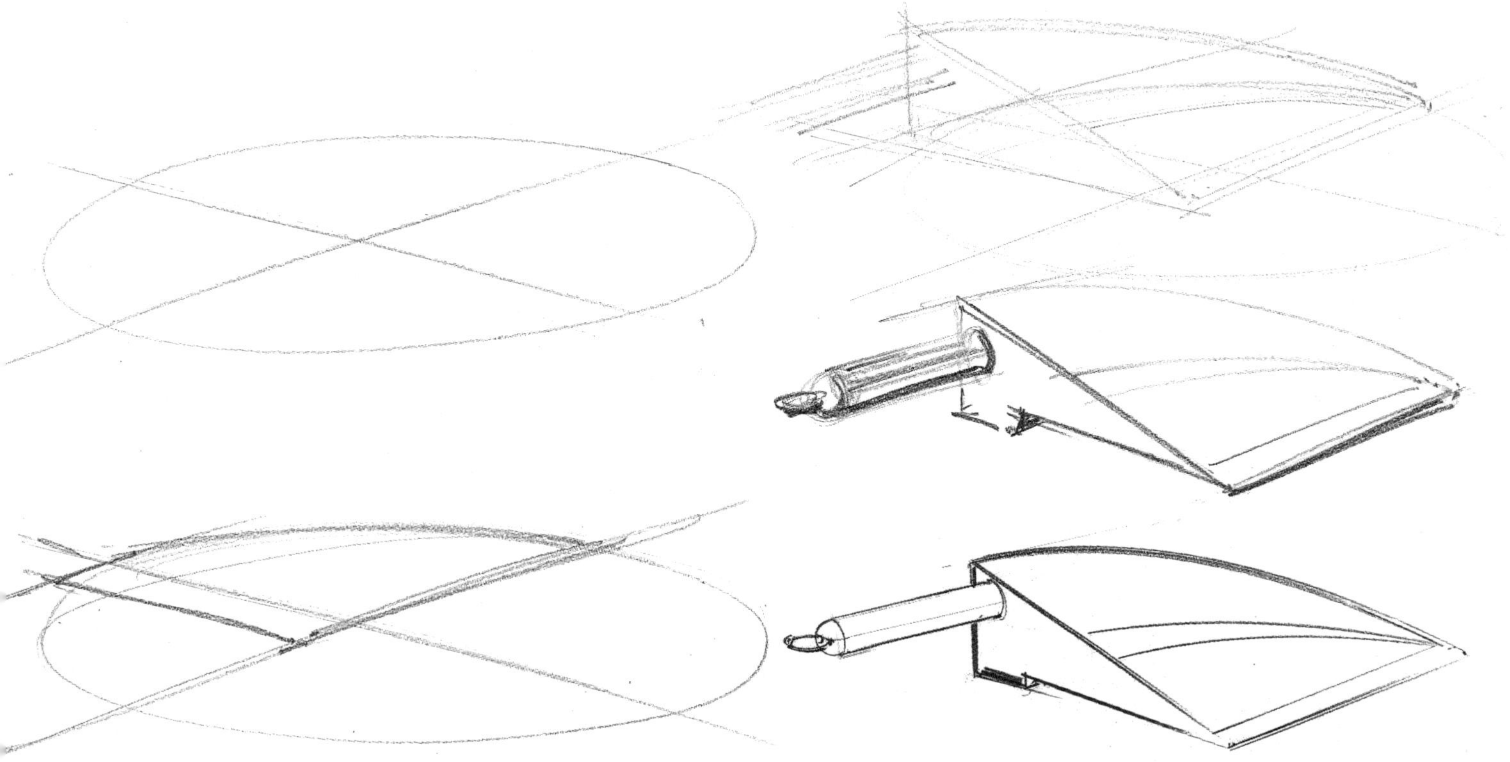

Übung: Kehrschaufel

Der richtige Beginn ist der halbe Weg zum Erfolg. Das folgende Beispiel zeigt wiederum, wie man sinnvollerweise anfängt und dann richtig skizziert. Wenn Sie eine Kehrschaufel genau studieren, werden Sie feststellen, daß sich ihre Silhouette wieder in einen bestimmten geometrischen Körper einfügen läßt: Die Grundform der hier studierten Schaufel ist ein Viertelkreis.

Beginnen Sie wieder einen flachliegenden Kreis zu zeichnen, der sich perspektivisch als Ellipse darstellt. Zwei Diagonalen schneiden sich im Zentrum dieses Kreises. Es ergeben sich vier Kreissegmente. Ein Segment soll die Grundform unserer Kehrschaufel darstellen. Sie tragen nun diese Grundfläche in den Kreis ein, indem Sie ein Kreissegment durch mehrere Strichlagen verstärken.
Jetzt liegt die Grundfläche fest und Sie können die Zeichnung und damit den Gegenstand räumlich weiterentwickeln. Im nächsten Schritt geht es darum, den Griff perspektivisch richtig einzuzeichnen.

Abschließend wird die Skizze mit Kurvenlineal und Lineal überarbeitet und durch Kantenverstärkung bzw. Verbesserung einzelner Details wird der Zeichnung das nötige Finish gegeben.

Übung:
Reisewecker in Perspektive II

Auf der Basis des bisher Gelernten und mit etwas Übung können Sie sich nun an komplexere Darstellungsweisen heranwagen. Der bereits in Ansichten gezeichnete Reisewecker (siehe Seite 37) wird jetzt als Übereck-Perspektive dargestellt. Nachdem die Übereck-sicht angedeutet ist, wird die Lage des Ziffernblattes in Form einer Ellipse angedeutet.

Die Erfahrung lehrt, daß es schwerer ist, in ein Quadrat eine Ellipse paßgenau einzuzeichnen als umgekehrt ein Quadrat um eine Ellipse herumzuzeichnen. Also zuerst die Ellipse, dann das Quadrat mit seinen Raumkoordinaten, die das Gehäuse des Reiseweckers festlegen. Dann müssen die Proportionen zueinander ins Lot gebracht werden ③.

Einige Details wie Schattenfugen, Schrägen und Vertiefungen werden anschließend eingezeichnet ④. Der Reisewecker hat einen abklappbaren, quadratischen Deckel, dessen Außenkanten mit denen des Reiseweckers wegen der perspektivischen Verzerrung nicht identisch sind. Man findet sie als Tangenten einer liegenden Ellipse, deren Achse der Ziffernblatt-Ellipse entpricht. Die skizzierte Verzeichnung wird abschließend auf dem Zeichenbrett mit Lineal und Schablonen überarbeitet und präzisiert ⑤.

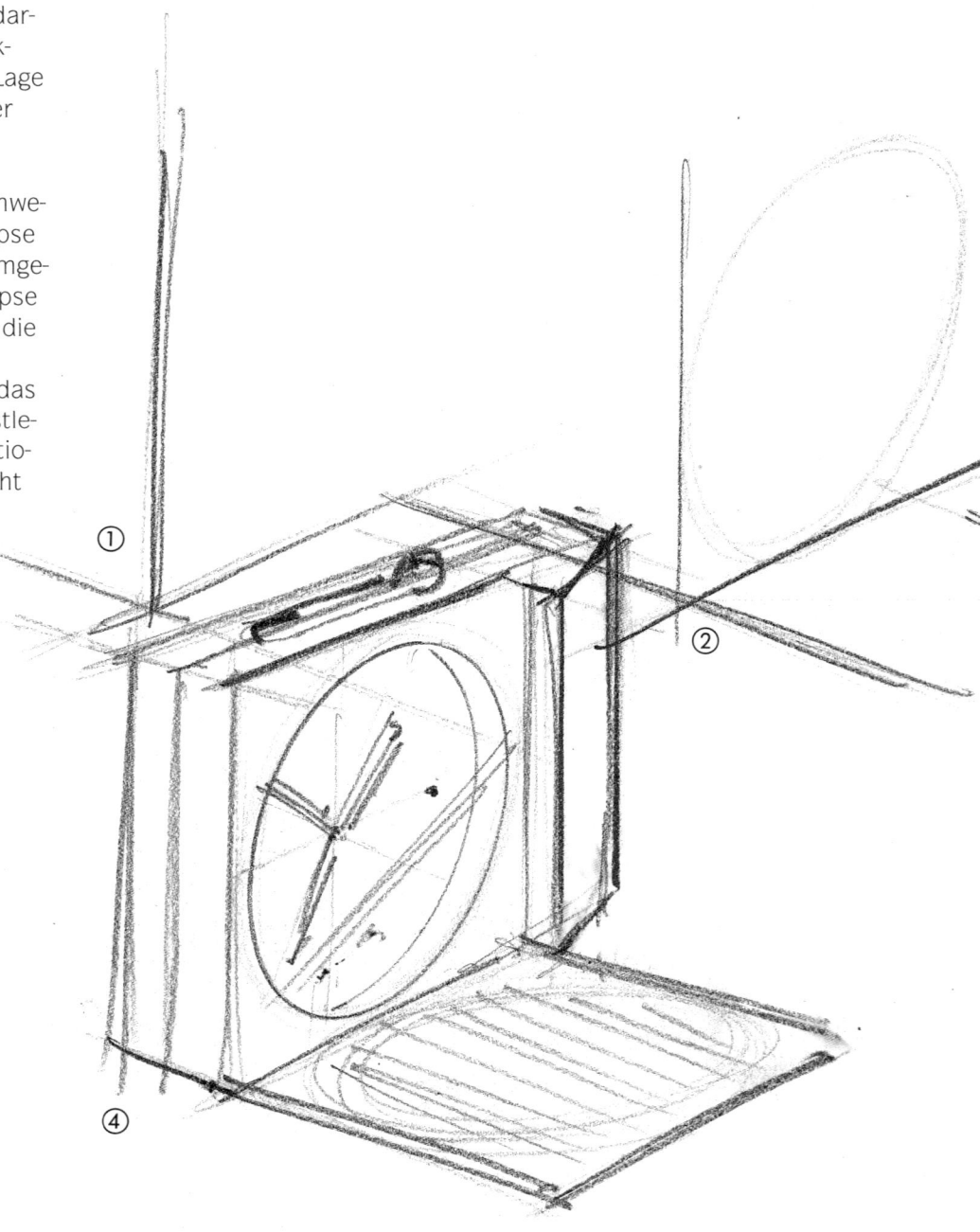

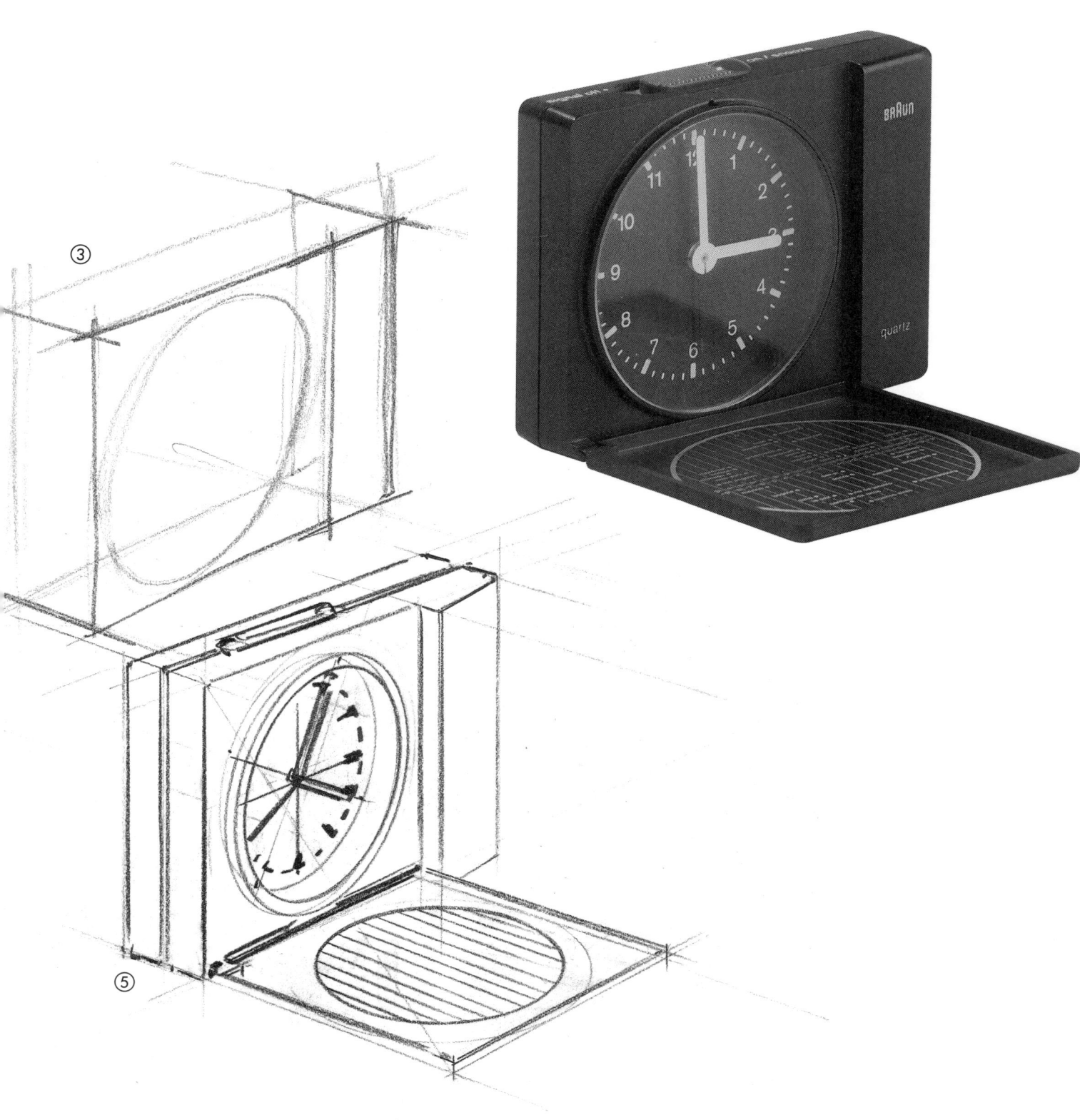

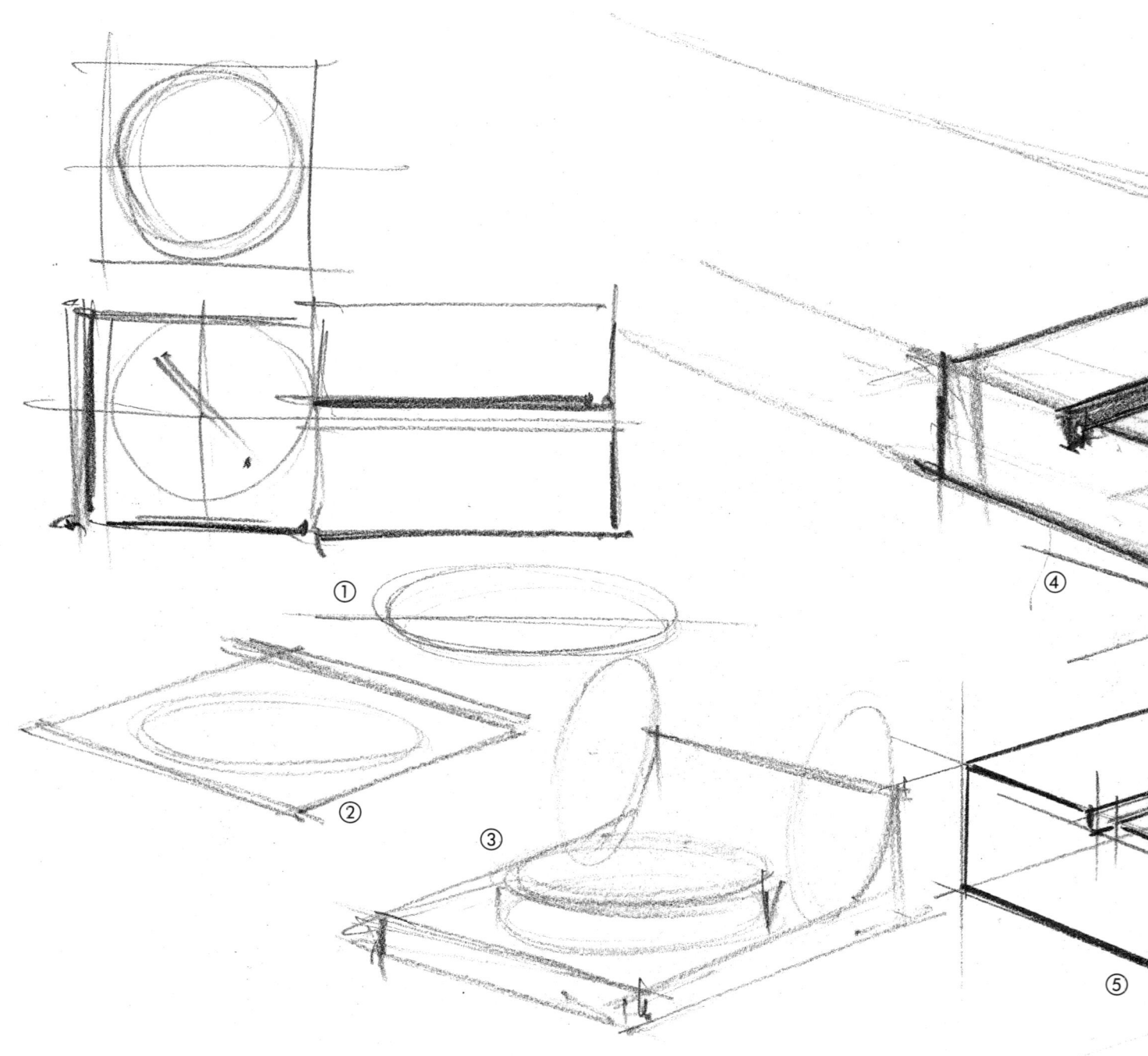

① ② ③ ④ ⑤

Übung: Kompaß in Ansicht und Perspektive

Die genauen Maße und Proportionen eines Körpers lassen sich am leichtesten in Ansichten erfassen und festhalten. Ausgangspunkt dieser Skizze ist wiederum der Kreis, dem die anderen Teile proportional zugeordnet werden.

In der perspektivischen Zeichnung beginnen Sie auch wiederum mit dem Kreis, der sich liegend gezeichnet als Ellipse darstellt ①.

Ein Quadrat umschließt diese Ellipse ②, ③.

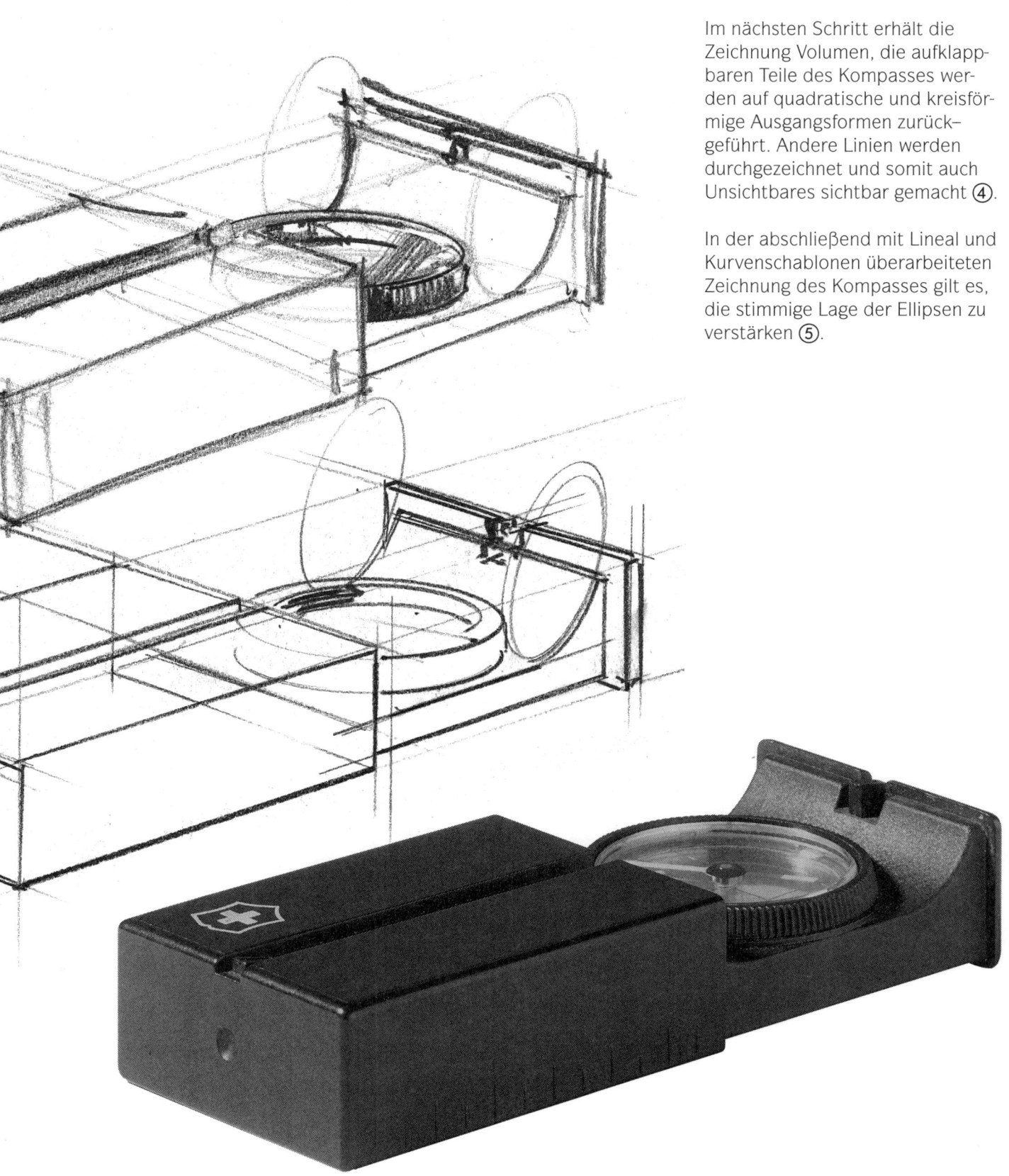

Im nächsten Schritt erhält die Zeichnung Volumen, die aufklappbaren Teile des Kompasses werden auf quadratische und kreisförmige Ausgangsformen zurück-geführt. Andere Linien werden durchgezeichnet und somit auch Unsichtbares sichtbar gemacht ④.

In der abschließend mit Lineal und Kurvenschablonen überarbeiteten Zeichnung des Kompasses gilt es, die stimmige Lage der Ellipsen zu verstärken ⑤.

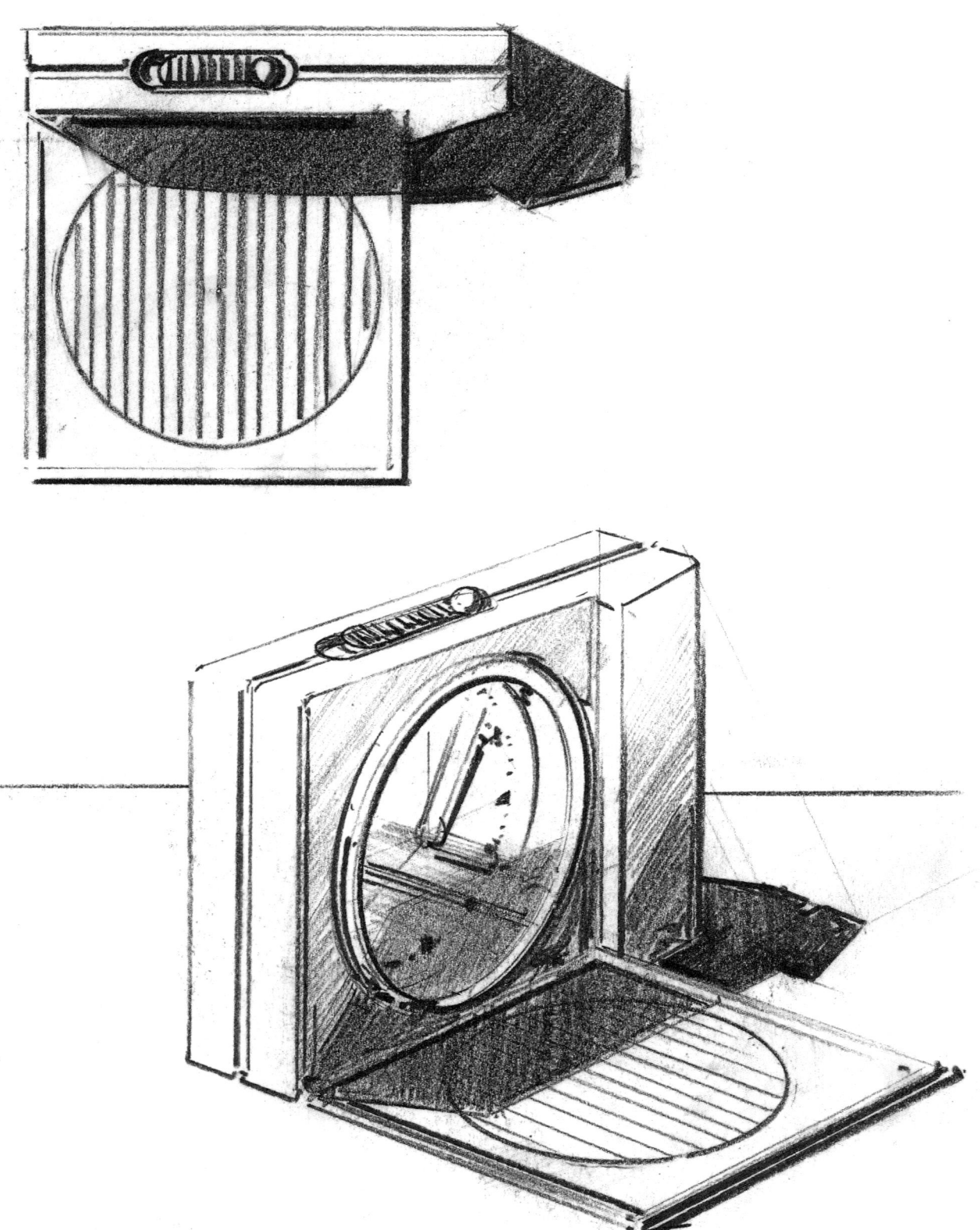

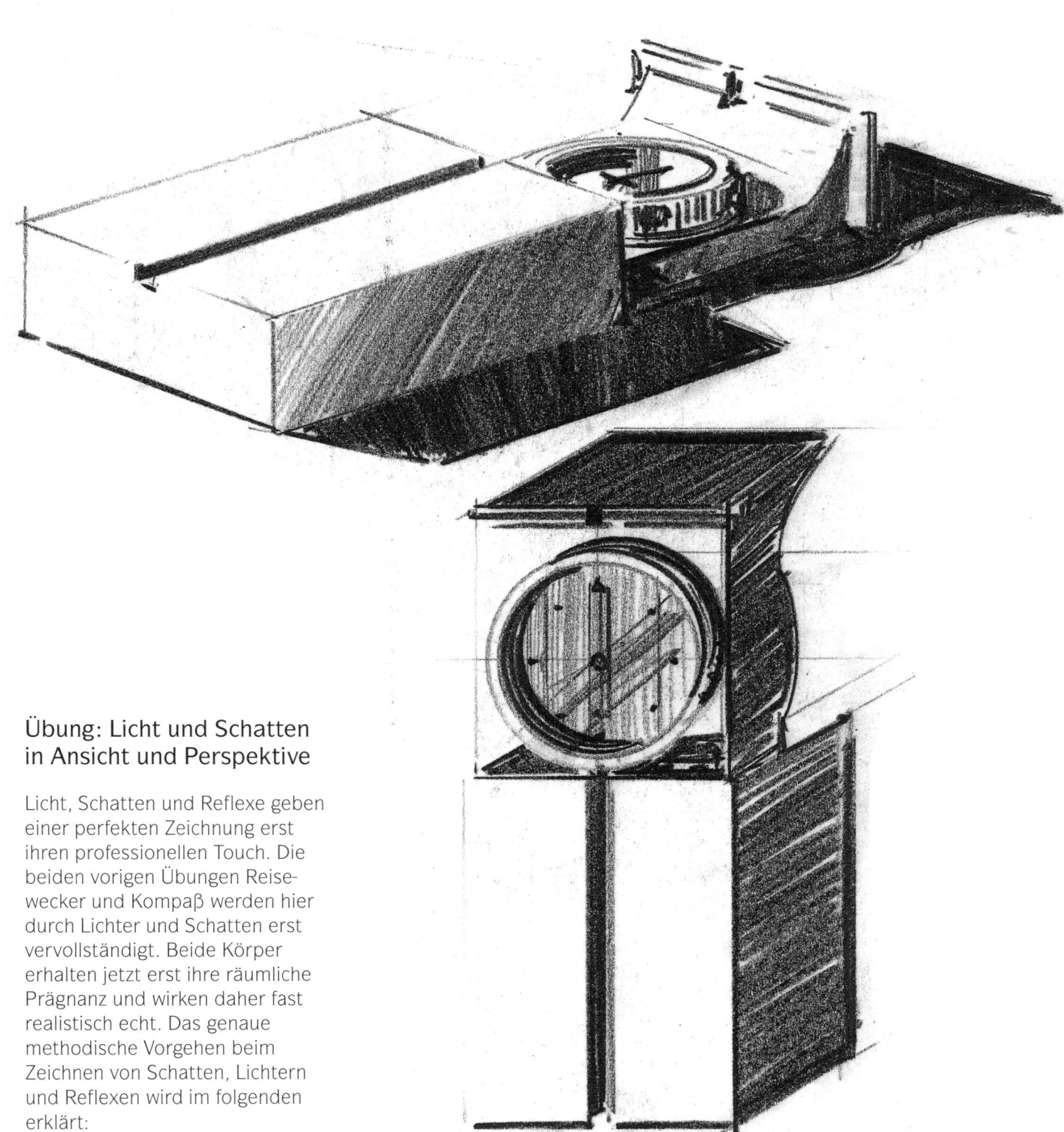

Übung: Licht und Schatten in Ansicht und Perspektive

Licht, Schatten und Reflexe geben einer perfekten Zeichnung erst ihren professionellen Touch. Die beiden vorigen Übungen Reisewecker und Kompaß werden hier durch Lichter und Schatten erst vervollständigt. Beide Körper erhalten jetzt erst ihre räumliche Prägnanz und wirken daher fast realistisch echt. Das genaue methodische Vorgehen beim Zeichnen von Schatten, Lichtern und Reflexen wird im folgenden erklärt:

Übungen zu Licht, Schatten und Reflexen

Eine gute Möglichkeit, Licht und Schatten zu studieren, ist: einfache geometrische Körper ins Sonnenlicht stellen, die Schatten beobachten und zeichnerisch festhalten.

Beobachten Sie, wie sich der Schatten, den der Körper auf den Boden wirft, im Laufe des Tages verändert.

Bauen Sie mehrere Grundkörper auf einer Grundplatte auf. Drehen Sie die Grundplatte und halten Sie zeichnerisch die verschiedenen Positionen des Schattens fest.

Sie können die Beobachtungen natürlich auch im Raum unter einer künstlichen Lichtquelle vornehmen. Dabei sollten Sie nur mit einer Lichtquelle arbeiten. Unterschiede zwischen den Schatten, die vom Sonnenlicht und von einem künstlichen Licht erzeugt werden:

Bei einer künstlichen Lichtquelle im Raum, zum Beispiel einer Schreibtischlampe, sprechen wir von einer Zentralbeleuchtung. Der Fluchtpunkt der Strahlen des Lichtes liegen in der Lichtquelle. Der Schatten auf dem Untergrund vergrößert sich vom Objekt weg.

Das Sonnenlicht kommt zwar auch von einer Lichtquelle, aber sie ist so weit entfernt, daß die Lichtstrahlen auf der Erde parallel sind; wir sprechen von einer Parallelbeleuchtung. Der Schatten auf dem Untergrund fluchtet zum gleichen Fluchtpunkt wie die Objekte. Bei den weiteren Zeichnungen gehen wir von einer Lichtquelle mit Parallelbeleuchtung aus.

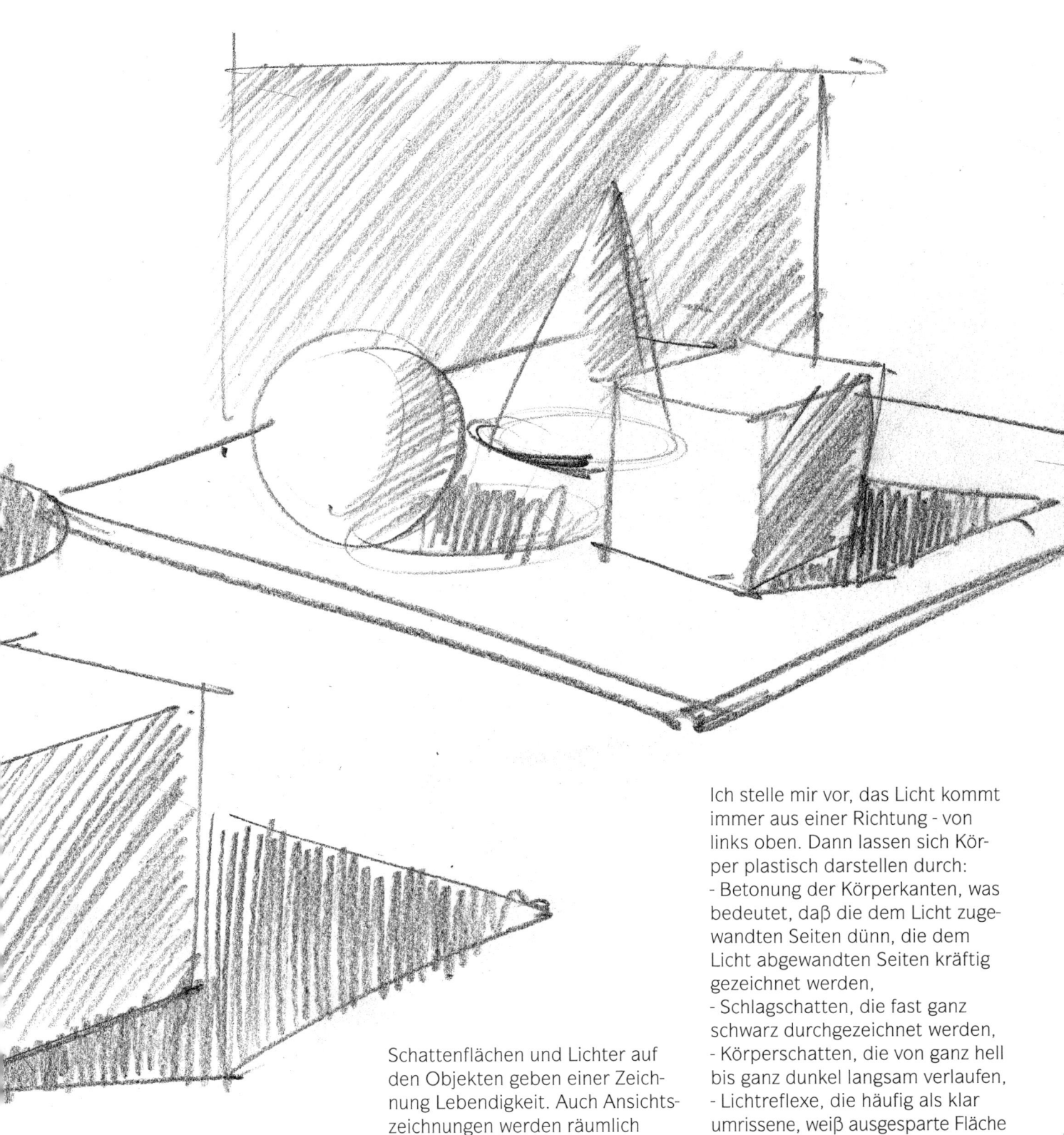

Schattenflächen und Lichter auf den Objekten geben einer Zeichnung Lebendigkeit. Auch Ansichtszeichnungen werden räumlich erlebbar.

Ich stelle mir vor, das Licht kommt immer aus einer Richtung - von links oben. Dann lassen sich Körper plastisch darstellen durch:
- Betonung der Körperkanten, was bedeutet, daß die dem Licht zugewandten Seiten dünn, die dem Licht abgewandten Seiten kräftig gezeichnet werden,
- Schlagschatten, die fast ganz schwarz durchgezeichnet werden,
- Körperschatten, die von ganz hell bis ganz dunkel langsam verlaufen,
- Lichtreflexe, die häufig als klar umrissene, weiß ausgesparte Fläche erscheinen.

Schlagschatten, Körperschatten, Lichtreflexe

Körperschatten zeigen den Verlauf und die Verteilung des Lichts auf dem Objekt

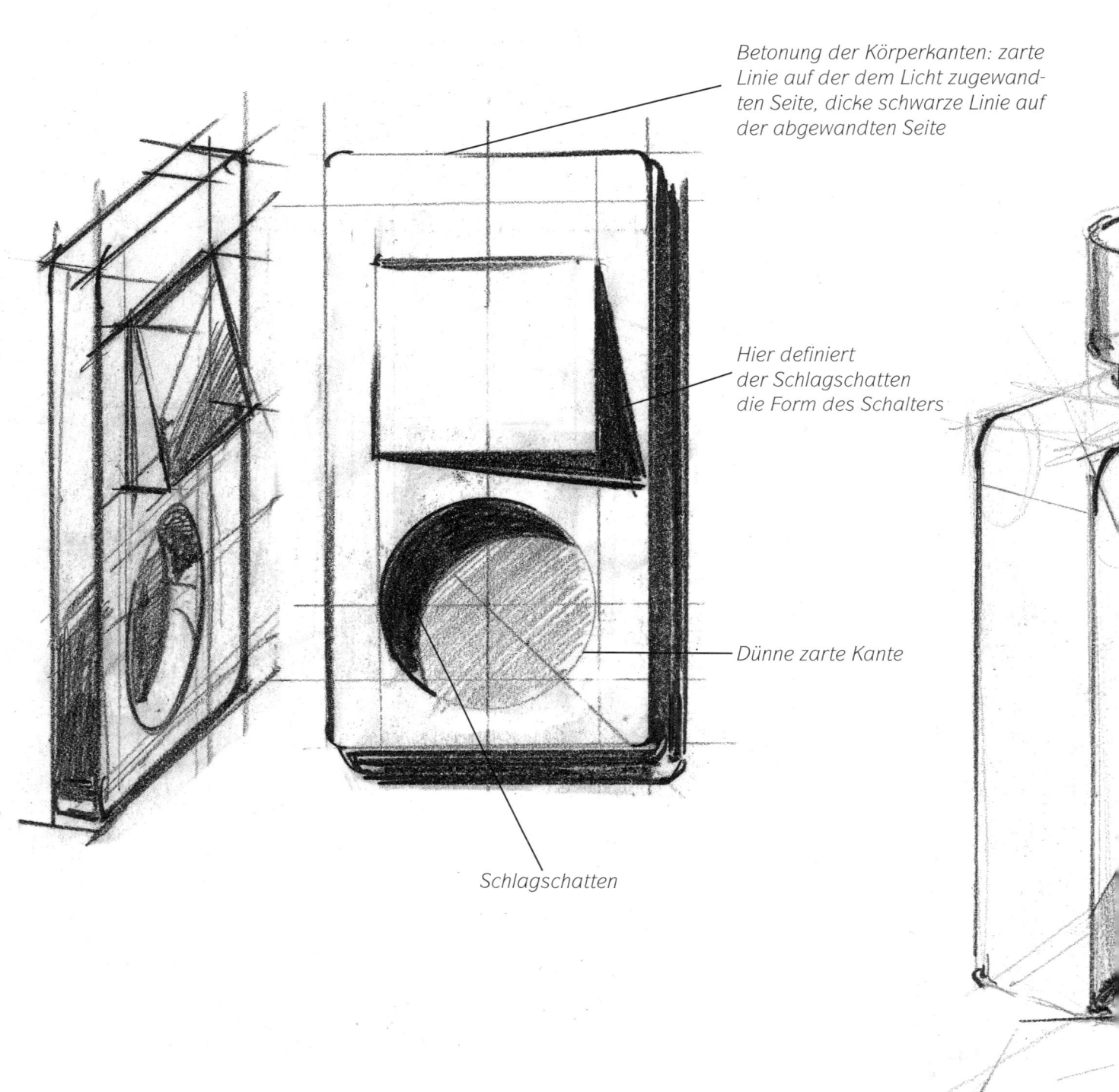

Betonung der Körperkanten: zarte Linie auf der dem Licht zugewandten Seite, dicke schwarze Linie auf der abgewandten Seite

Hier definiert der Schlagschatten die Form des Schalters

Dünne zarte Kante

Schlagschatten

Reflexe sind in der Skizze sehr
wichtig. Es kann sein, daß sich der
Schatten oder ein angrenzender
Gegenstand auf dem Körper
widerspiegeln. Solche Reflexe
beleben die Skizze.

Übung: Körperschatten

Legen Sie verschiedene Schraffuren auf quader- und kegelförmige
Körper, um den Licht- und Schattenverlauf zu studieren.

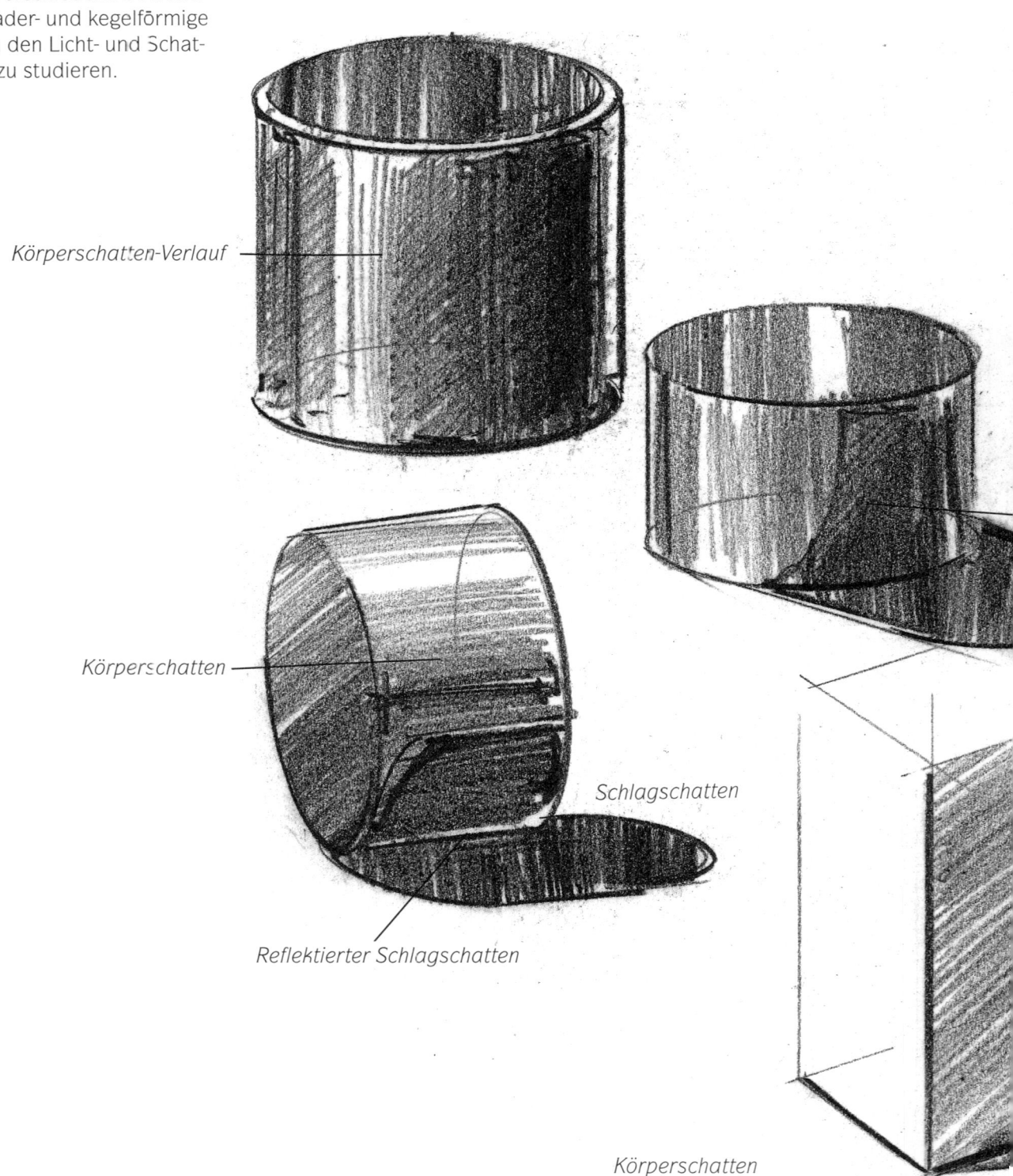

Körperschatten-Verlauf

Körperschatten

Schlagschatten

Reflektierter Schlagschatten

Körperschatten

Der Körperschatten wird durch einen gleichmäßigen Verlauf von Hell nach Dunkel betont und damit der Körper definiert.

Betonte Körperkanten heben die Fläche als plastisches Gebilde von der Zeichenoberfläche ab, definieren das Quadrat aber nocht nicht als Quader oder Zylinder.

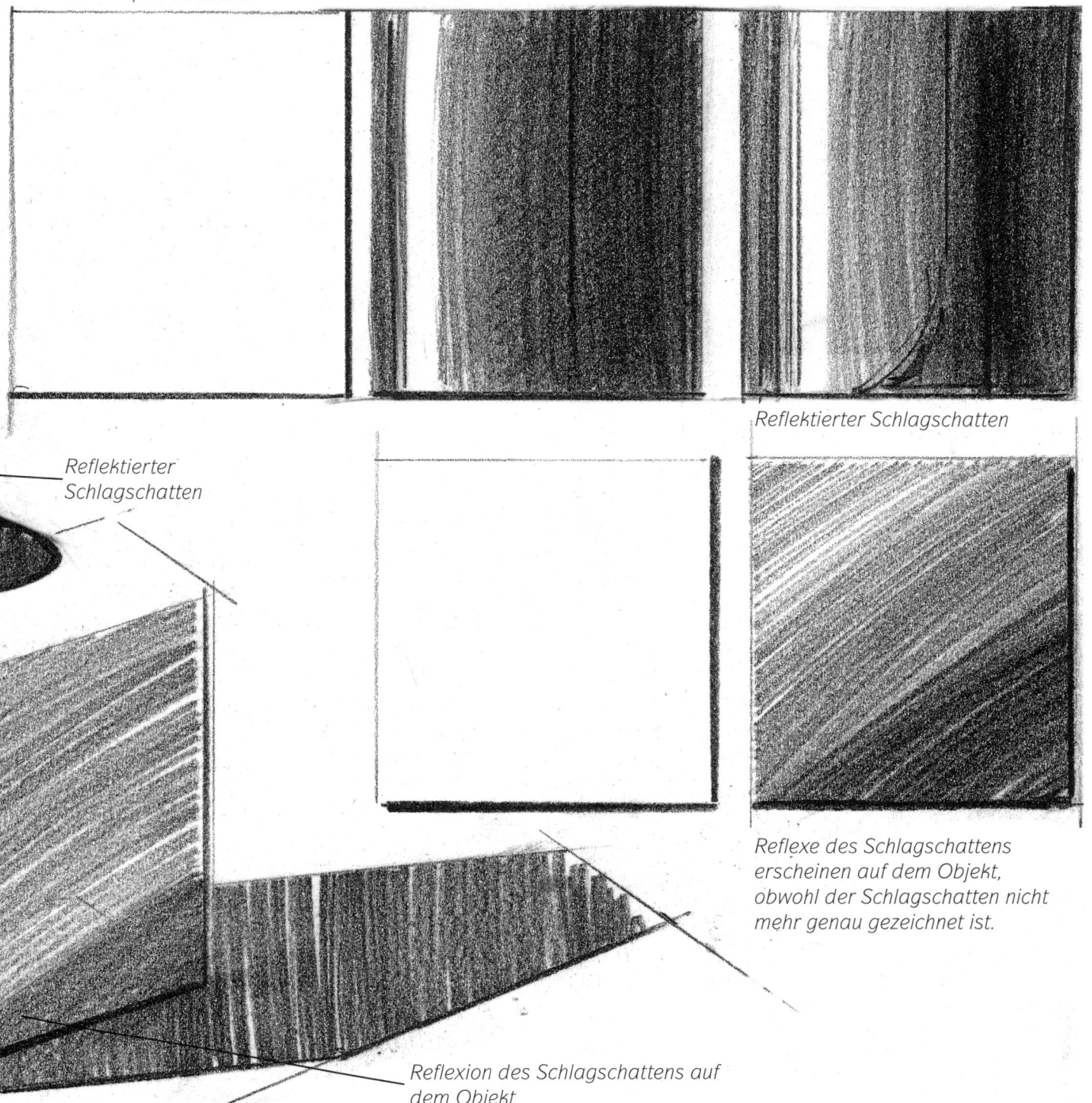

Reflektierter Schlagschatten

Reflektierter Schlagschatten

Reflexion des Schlagschattens auf dem Objekt

Reflexe des Schlagschattens erscheinen auf dem Objekt, obwohl der Schlagschatten nicht mehr genau gezeichnet ist.

Licht und Schatten

Ausgangslage: Stellen Sie sich vor, Licht kommt von links und trifft auf einen Würfel. Sie erinnern sich, Sonnenlicht kommt aus weiten Entfernungen, deswegen treffen nahezu parallele Lichtstrahlen auf die Erde.
Teile des Lichts streichen am Würfel vorbei, ein Teil wird auf den Würfel auftreffen. Der Würfel wirft einen Schatten. Wie lange wird dieser Schatten sein? Normalerweise hängt dies von der Uhrzeit und vom Sonnenstand ab. In der Zeichnung bestimmen wir alles selbst und konstruieren den Schatten genau so groß, wie er uns optimal in das Gesamtbild paßt.

Übung: Konstruktion des Schlagschattens I

Erster Schritt:
Ein Würfel wird in isometrischer Projektion gezeichnet, die Kanten des Würfels werden als Begrenzungslinie des Schlagschattens auf dem Boden gezeichnet. Auf der vorderen Markierungslinie wird die Länge des geplanten Schlagschattens festgelegt, d. h. frei bestimmt.

Zweiter Schritt:
Parallel zur rechten oberen Vorderkante des Würfels wird eine Linie gezogen, die genau am geplanten Schattenlängenende beginnt.

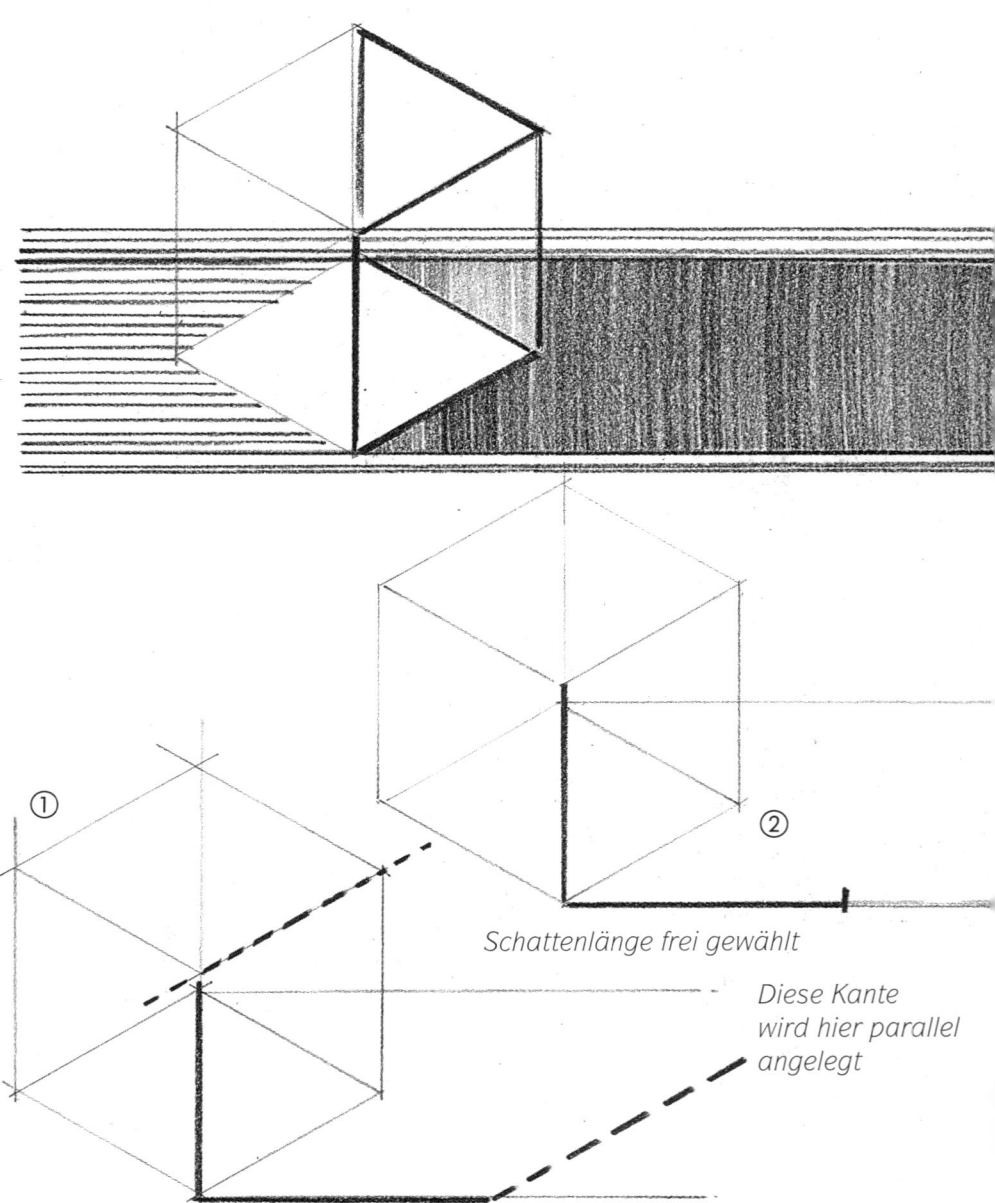

① Die Kante des Würfels wird hier abgebildet.

② Schattenlänge frei gewählt

Diese Kante wird hier parallel angelegt

Dritter Schritt:
Um das hintere Ende des Schlagschattens zu finden, benötigen wir eine Hilfslinie. Wir verbinden die vordere Kante mit dem rechten Ende des Schlagschattens, dann zeichnen wir eine Parallele zu dieser Linie ausgehend von der rechten Kante des Würfels.

Vierter Schritt:
Eine Parallele zur rechten hinteren Oberkante des Würfels, vom vorderen Schnittpunkt des Schlagschattens abgetragen, zeigt mir die rechte hintere Begrenzungslinie des Schlagschattens. Vervollständigt wird der Schlagschatten durch eine Parallele zur Horizont-linie, die durch die imaginäre hintere untere Ecke des Würfels verläuft.

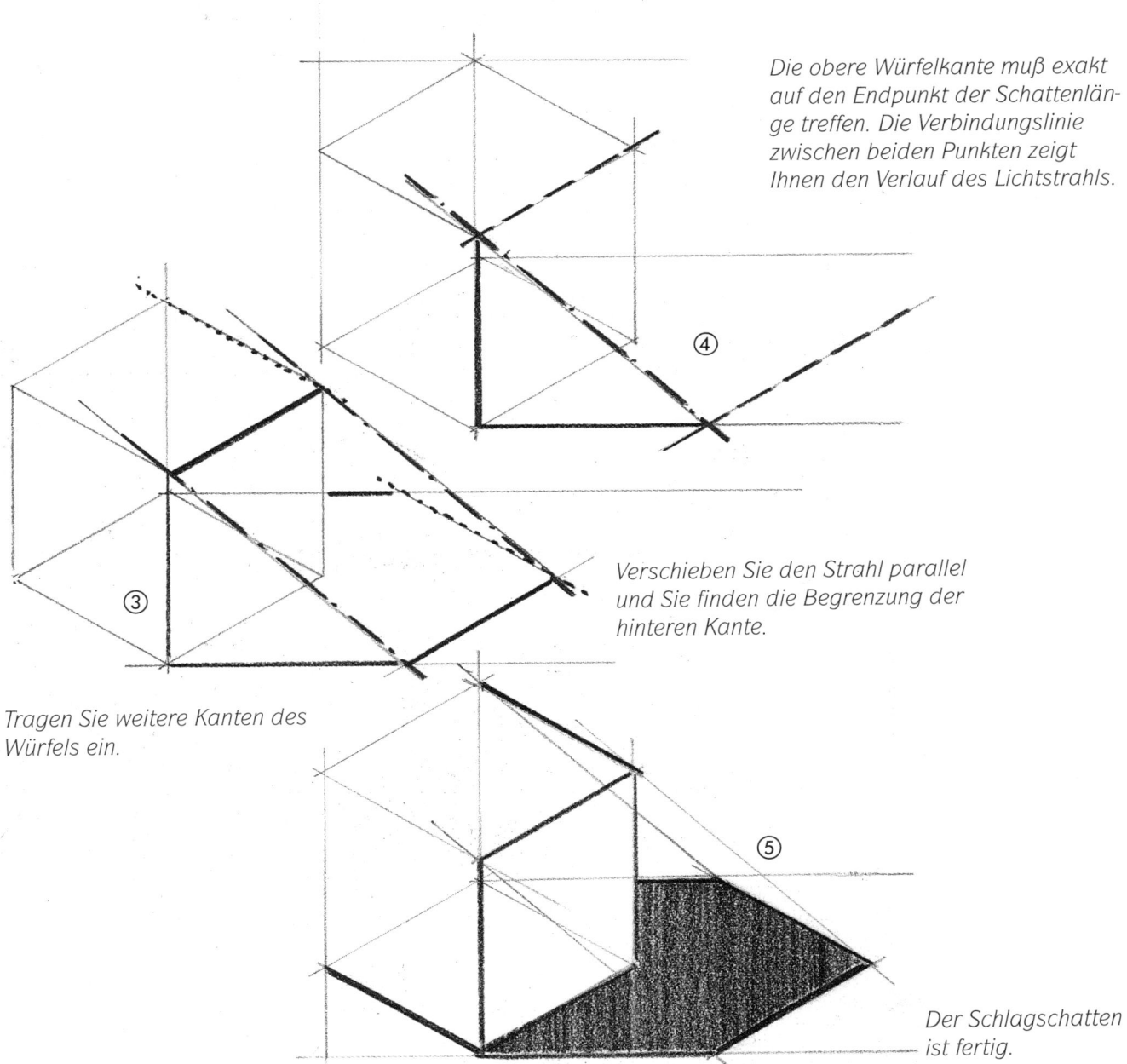

Die obere Würfelkante muß exakt auf den Endpunkt der Schattenlänge treffen. Die Verbindungslinie zwischen beiden Punkten zeigt Ihnen den Verlauf des Lichtstrahls.

Verschieben Sie den Strahl parallel und Sie finden die Begrenzung der hinteren Kante.

Tragen Sie weitere Kanten des Würfels ein.

Der Schlagschatten ist fertig.

Übung: Konstruktion des Schlagschattens II

Stellen Sie einen Würfel ins Sonnenlicht. Beobachten Sie den Tag über, wie sich die Sonne verändert. Sie werden feststellen, sowohl Länge als auch Richtung des Schattens verändern sich ständig. Bei den meisten Darstellungen in diesem Buch kommt das Licht von vorne links und der Schatten projiziert sich nach rechts hinten.

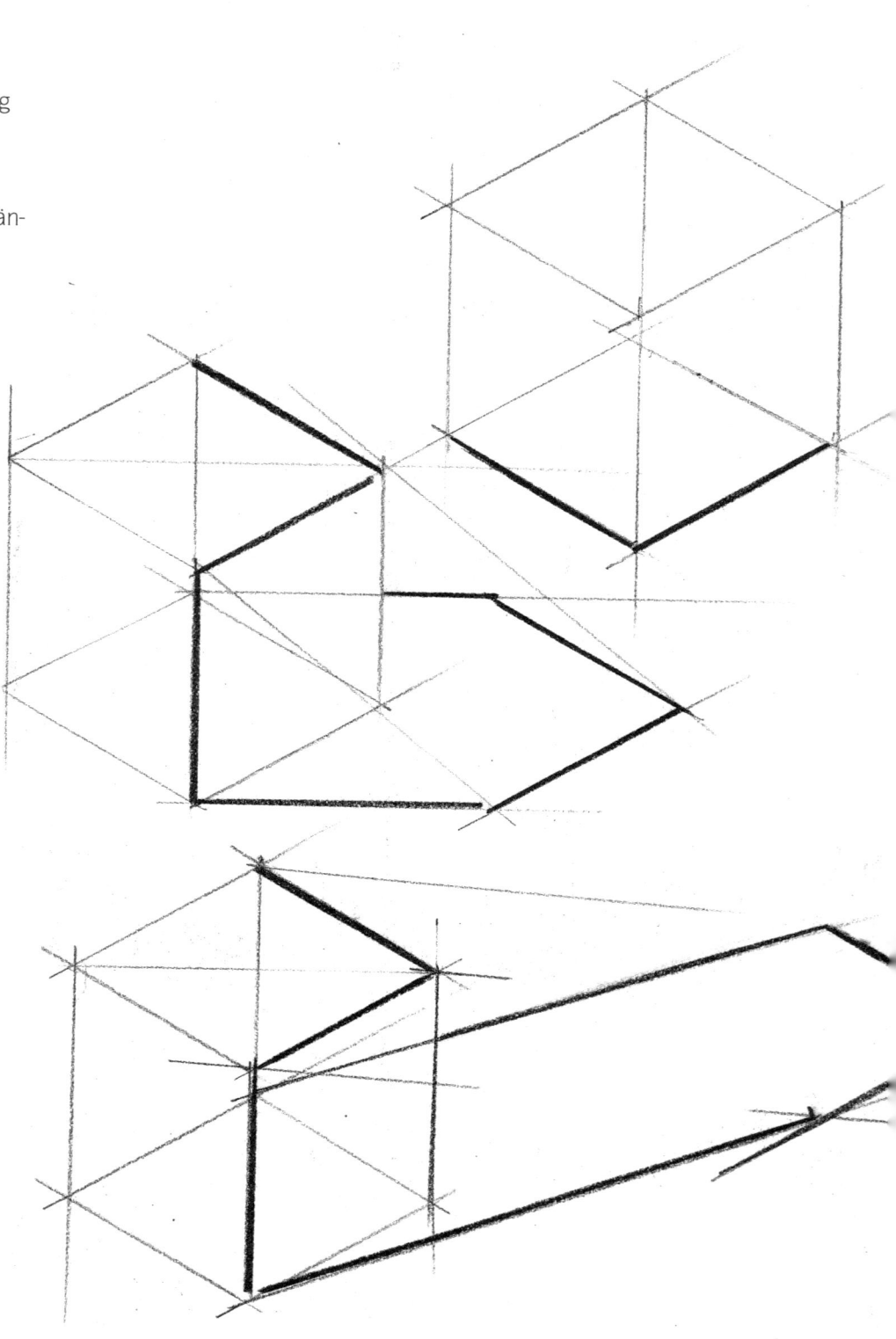

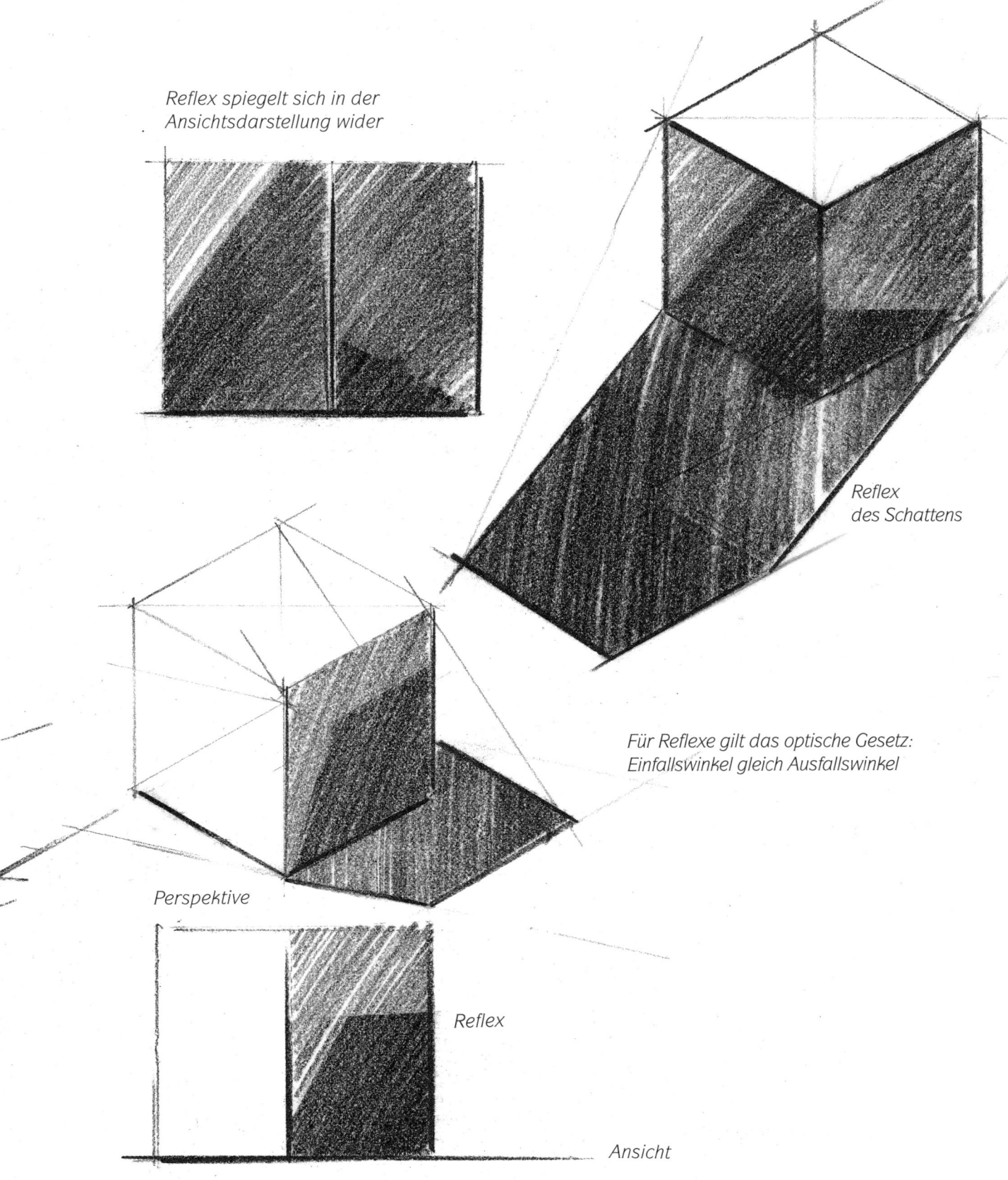

Reflex spiegelt sich in der
Ansichtsdarstellung wider

Reflex
des Schattens

Für Reflexe gilt das optische Gesetz:
Einfallswinkel gleich Ausfallswinkel

Perspektive

Reflex

Ansicht

**Übung:
Einfache geometrische
Körper in Licht und Schatten**

Skizzieren Sie den Körper in Ansicht und Perspektive, geben sie dem Körper Räumlichkeit durch unterschiedliche Strichstärke der Körperkanten.

Bei den auf dieser Seite gezeigten Beispielen wird immer von einer Lichtquelle ausgegangen, die sich links oberhalb des Körpers befindet.

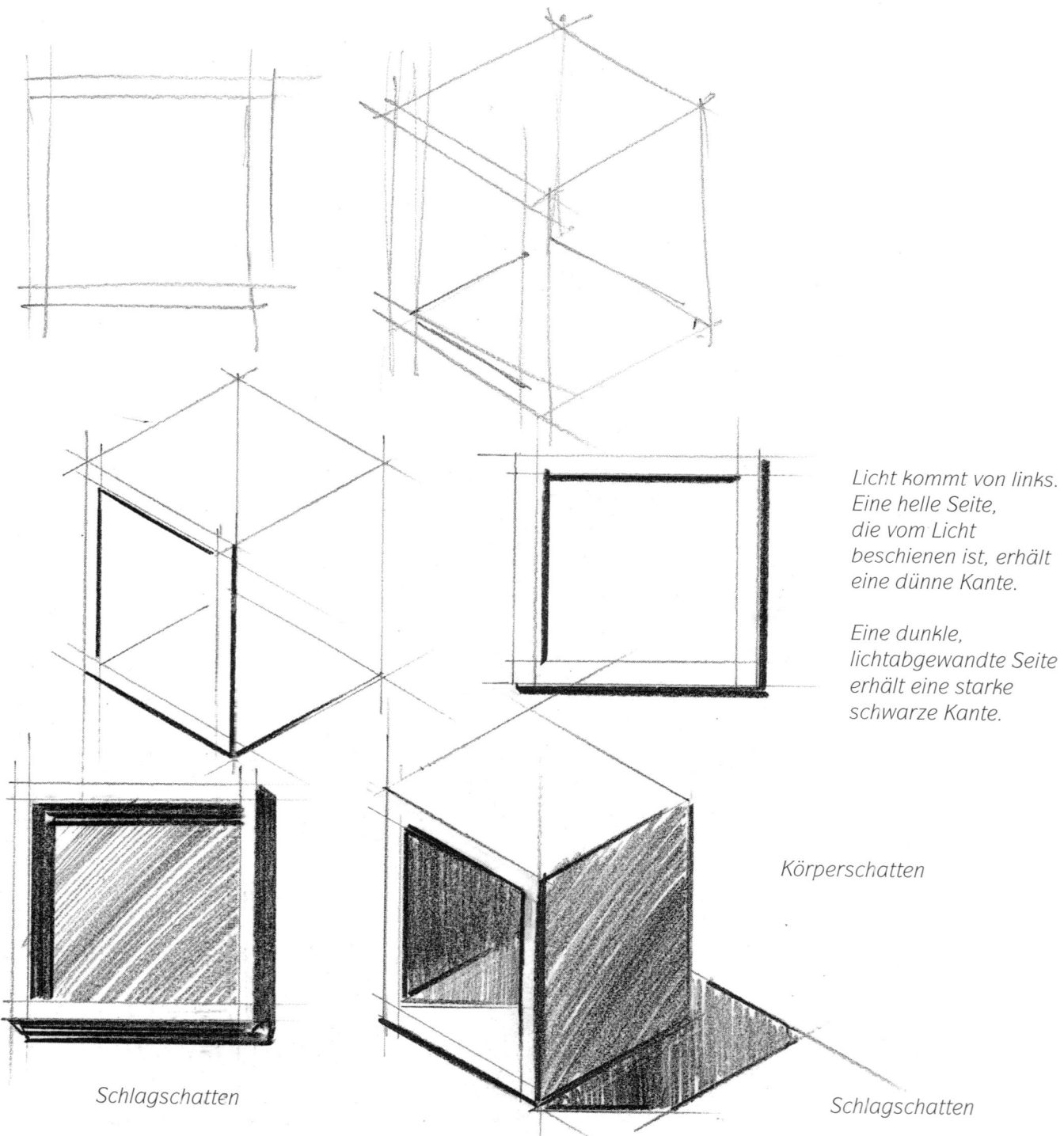

*Licht kommt von links.
Eine helle Seite,
die vom Licht
beschienen ist, erhält
eine dünne Kante.*

*Eine dunkle,
lichtabgewandte Seite
erhält eine starke
schwarze Kante.*

Körperschatten

Schlagschatten

Schlagschatten

Entwickeln Sie ein Gefühl für Licht und Schatten anhand von einfachen geometrischen Körpern. Legen Sie sich ein Schaublatt an, auf dem Sie sich den Zusammen-

hang von Form und Schatten notieren und anhand dessen Sie ihn sich einprägen. So können Sie später beim Skizzieren »blind« Schatten wie Kurzzeichen verwenden.

Nutzen Sie Ihren Urlaub im Süden zum Zeichnen. Sie finden dort ideale Lichtverhältnisse mit prägnanten Schattenbildern vor.

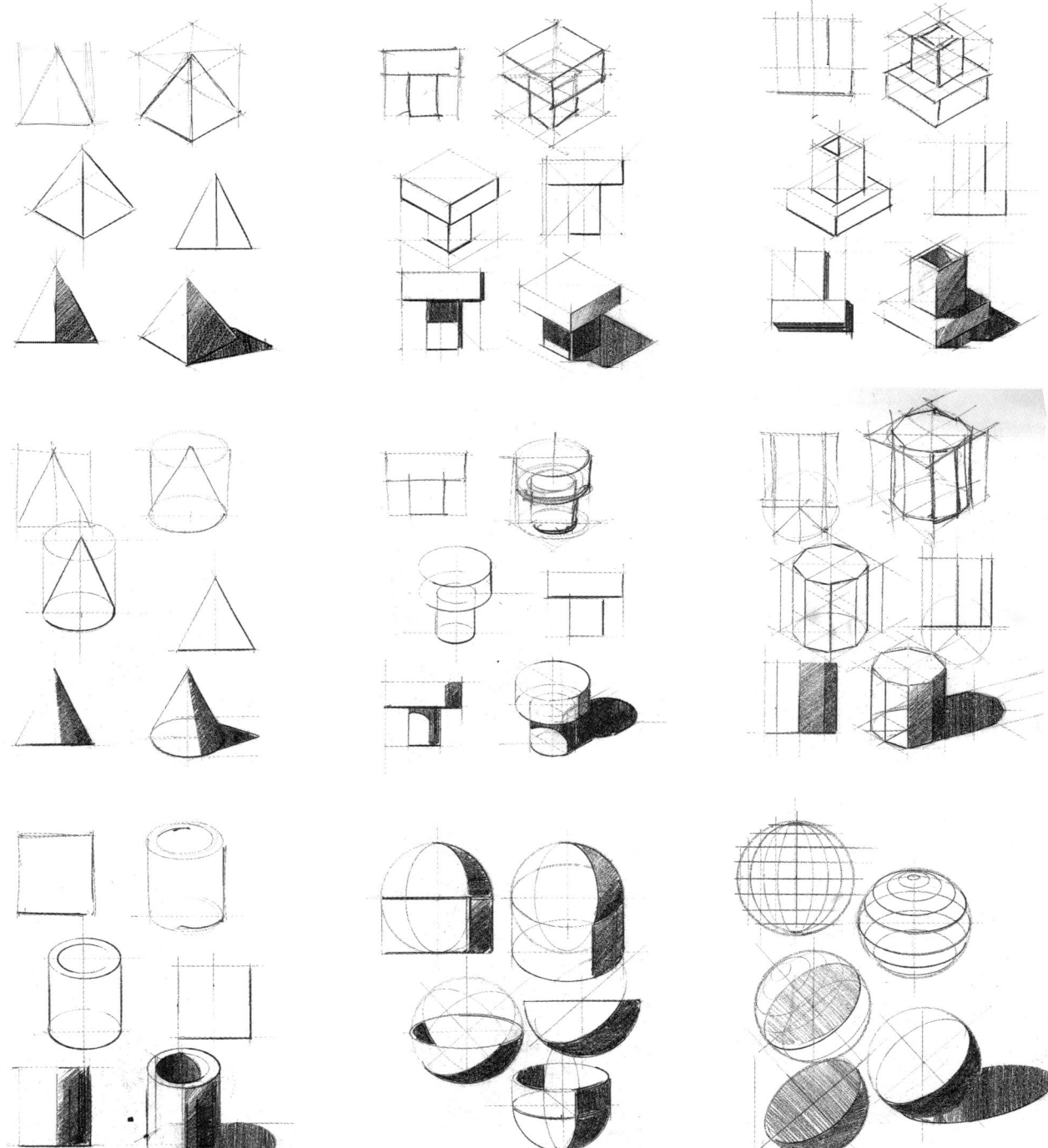

Rundkörper
in Licht und Schatten

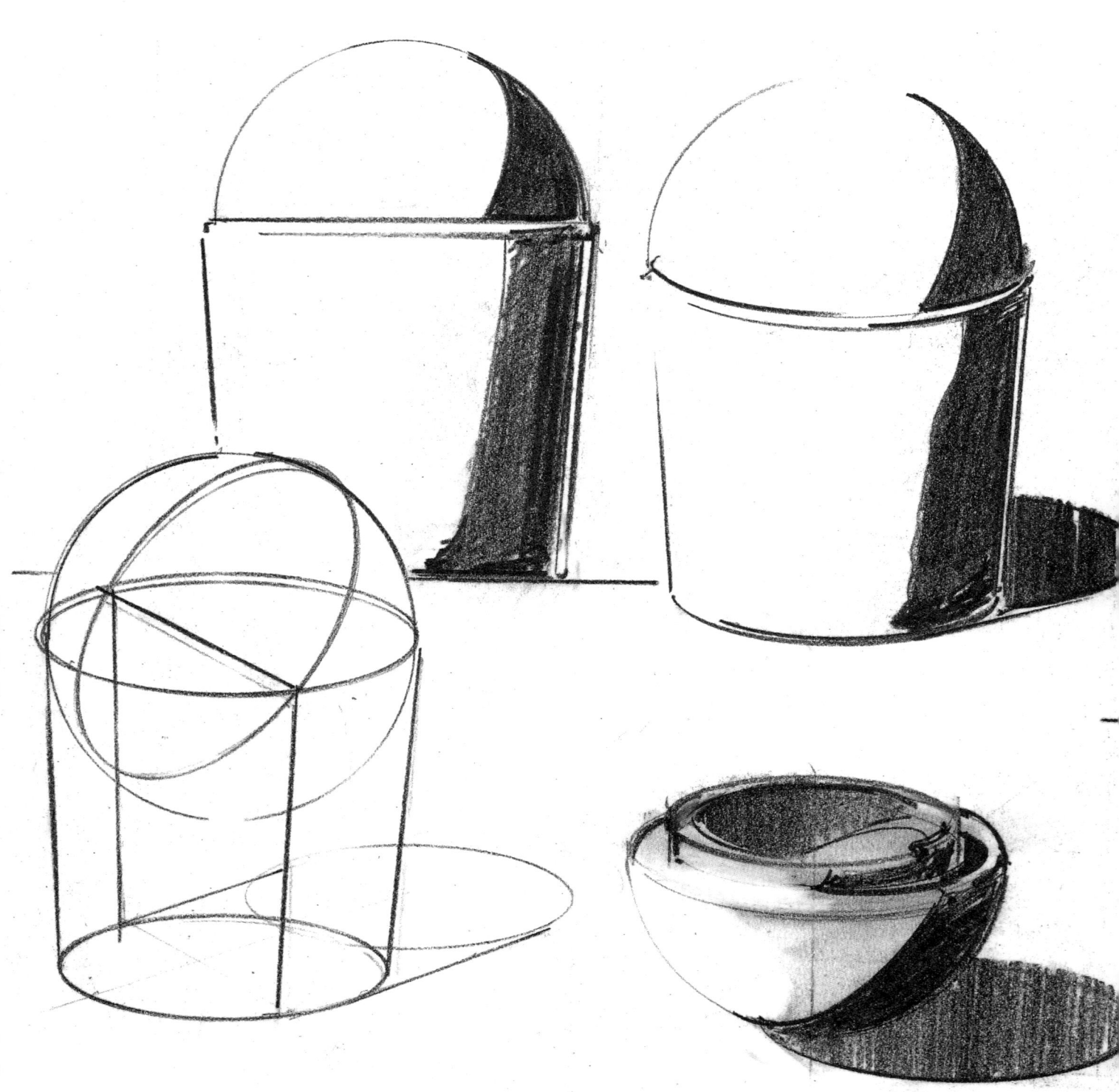

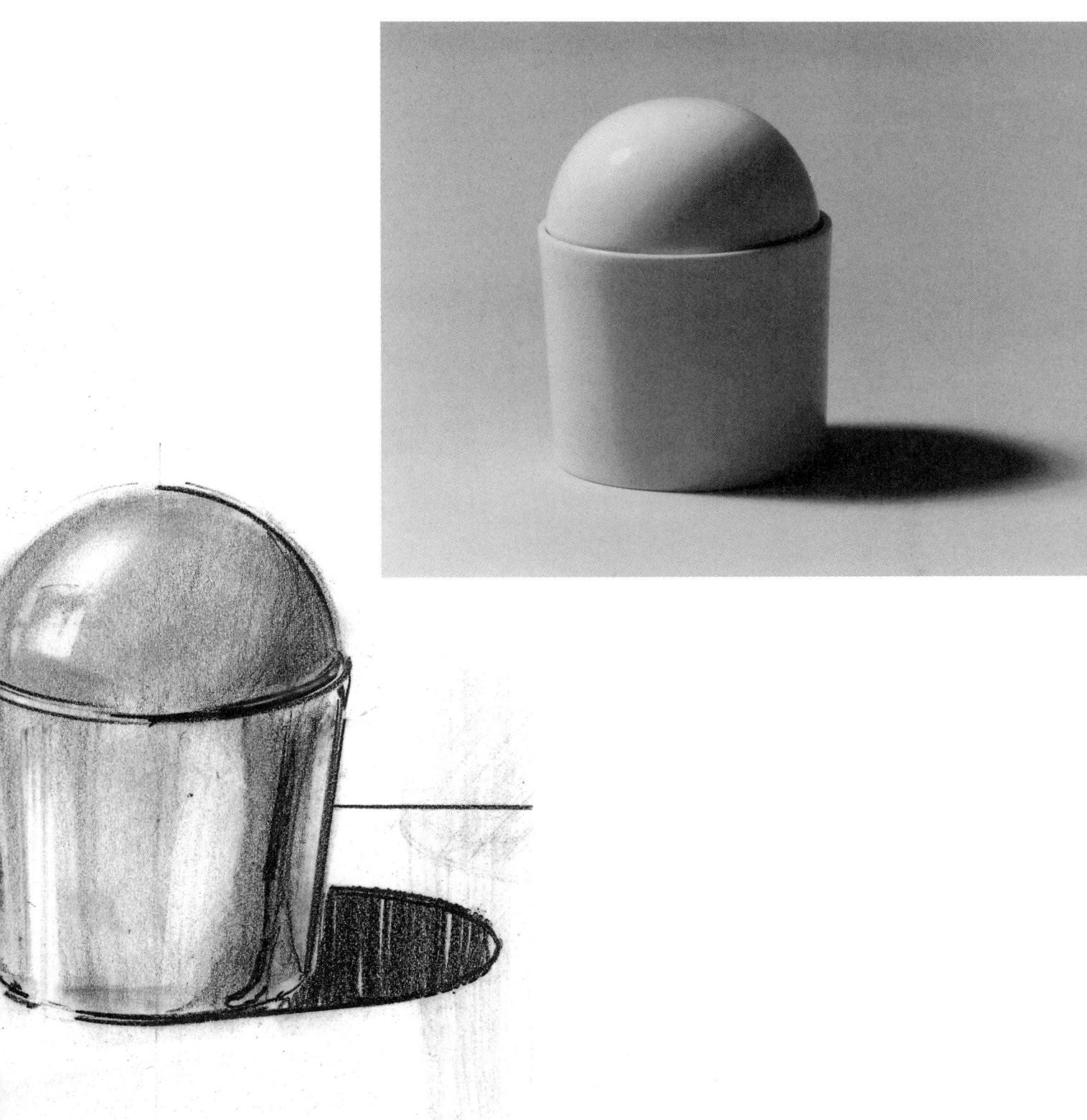

Licht und Schatten
vor dunklem Hintergrund

Bei diesem Beispiel liegt der zeichnerische Akzent mehr auf den
Lichtern denn auf den Schatten.

Das Beispiel wurde im Original im
Format A4 gezeichnet, dann im
Kopierer auf A3 vergrößert und
zeichnerisch überarbeitet mit Pas-
tellstiften.

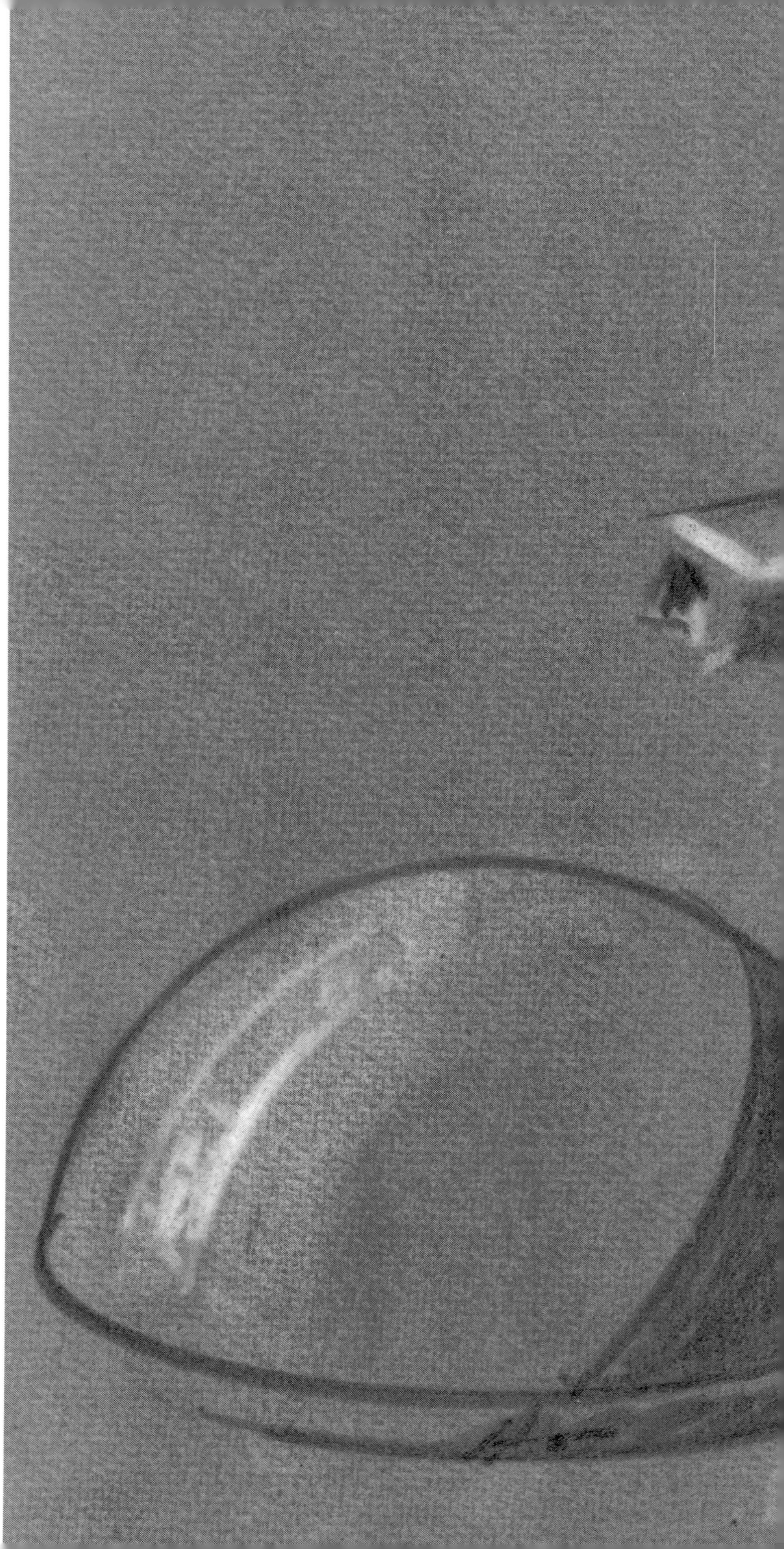

Auf einer waagerechten Ebene spiegelt sich die Umgebung in senkrechten Linien wider.

Auf einer Schrägen spiegelt sich die Umgebung nach dem Gesetz Einfallswinkel gleich Ausfallwinkel in leichter Neigung zur abgeschrägten Fläche wider.

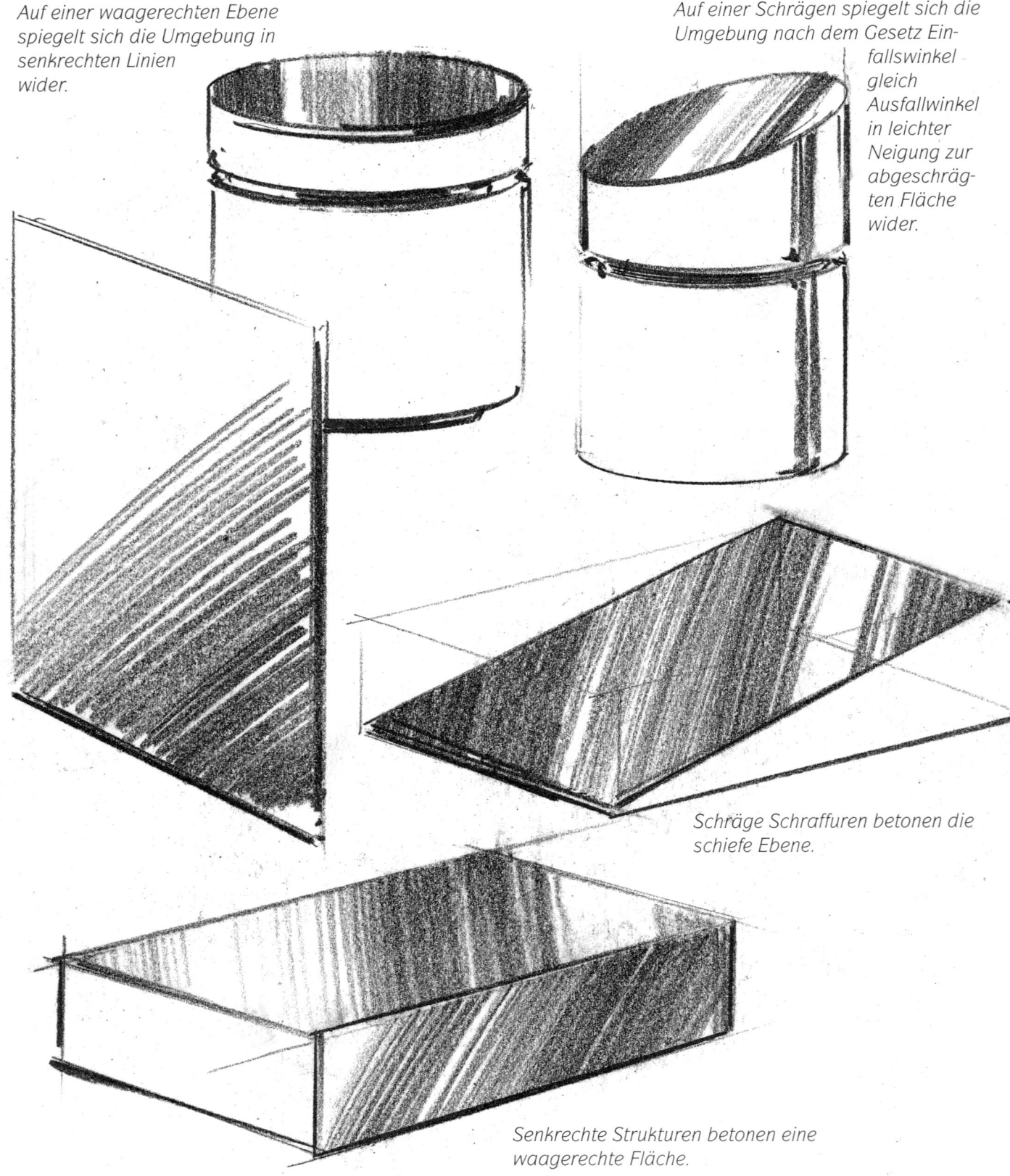

Schräge Schraffuren betonen die schiefe Ebene.

Senkrechte Strukturen betonen eine waagerechte Fläche.

Strichführung bei Licht und Schatten

Achten Sie auf den Lichteinfall und beobachten Sie Formen- und Schattenverläufe. Betonen Sie mit der Richtung der Schraffur die Form des Körpers. Zum Beispiel mit flacher Schraffur Schlagschatten parallel zur Horizontlinie oder parallel zur Hauptrichtung des Körpers, Körperschatten auf Flächen und geneigten Körpern durch senkrechte bzw. dem Neigungswinkel entsprechende Strichführung.

Ein gebogener Schattenverlauf entlang eines Konturlinie macht einen runden Körper noch charakteristischer.

Auf einem zylindrischen Körper wird der Körperschatten parallel zur Außenkante entlang schraffiert.

Schlagschatten werden auch als Körperschatten reflektiert.

Eine Tischkante spiegelt sich als Reflex auf einen zylindrischen Körper.

Übung: Einen Schlagschatten tiefschwarz zeichnen

Bei solchen Schlagschatten kann man den 6 B-Stift in seiner vollen Schwärze ausprobieren. Nehmen Sie vergleichbare Objekte, betreiben Sie für sich Schattenstudien. Zeichnen Sie am besten unter Sonnenlicht, da die Strahlen des Sonnenlichts parallel auf die Erde auftreffen.

Kunstlicht aus der Schreibtischleuchte ist ein Punktlicht, das nach allen Seiten ausstrahlt. Die Schatten sind verzerrt und fluchten auf das Punktlicht hin zu.

Auch bei flüchtigsten Schnellskizzen ist auf folgende Feinheiten zu achten:

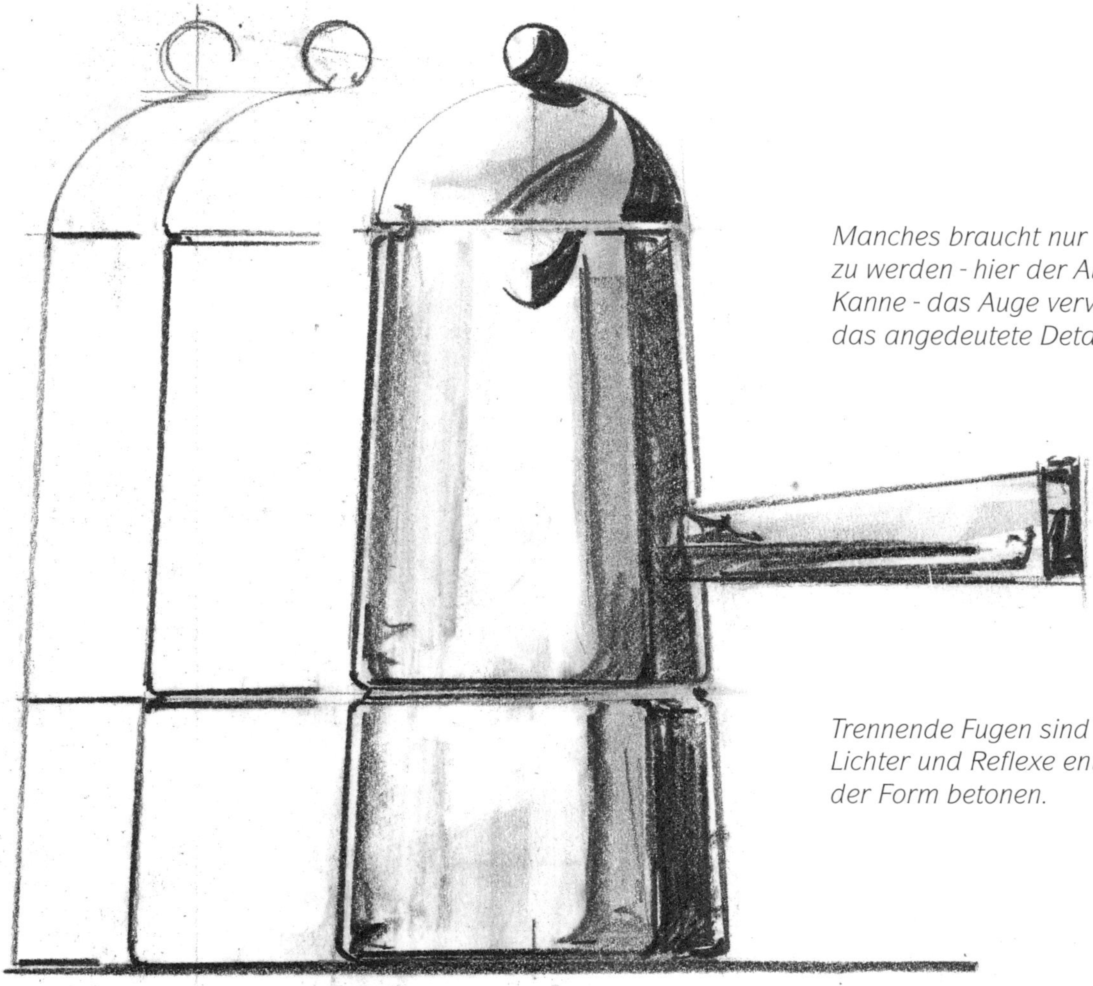

Manches braucht nur angedeutet zu werden - hier der Ausgießer der Kanne - das Auge vervollständigt das angedeutete Detail.

Trennende Fugen sind zu betonen. Lichter und Reflexe entsprechend der Form betonen.

Rundungen - wie hier der Rand der Tasse - lassen sich am besten durch Rundung des Schatten-Reflexes wiedergeben.

Übungen zu Material und Oberfläche

Material und Oberfläche: Metall

Materialeigentümlichkeiten lassen sich am besten durch entsprechende Eigenschaften der Oberfläche andeuten. In der abgebildeten Skizze wird die hoch–reflektierende Oberfläche des metallenen Gegenstandes durch harte Schwarzweiß-Kontraste wiedergegeben.

Chrom, ein hochglänzendes Metall, lebt von Schwarz, das auf absolutes Weiß trifft. Das bedeutet, daß das tiefste Schwarz des 6 B-Stifts mit harten Konturen gegen das Weiß des Papiers stehen muß.

Reflexe, Licht und Schatten auf Metall

Studieren Sie auch in Zeitungsanzeigen, wie sich Lichter und Schatten auf einem Gegenstand verteilen. Legen Sie sich dazu eine Sammlung an Bildvorlagen an, auf die sie bei Bedarf zurückgreifen können.

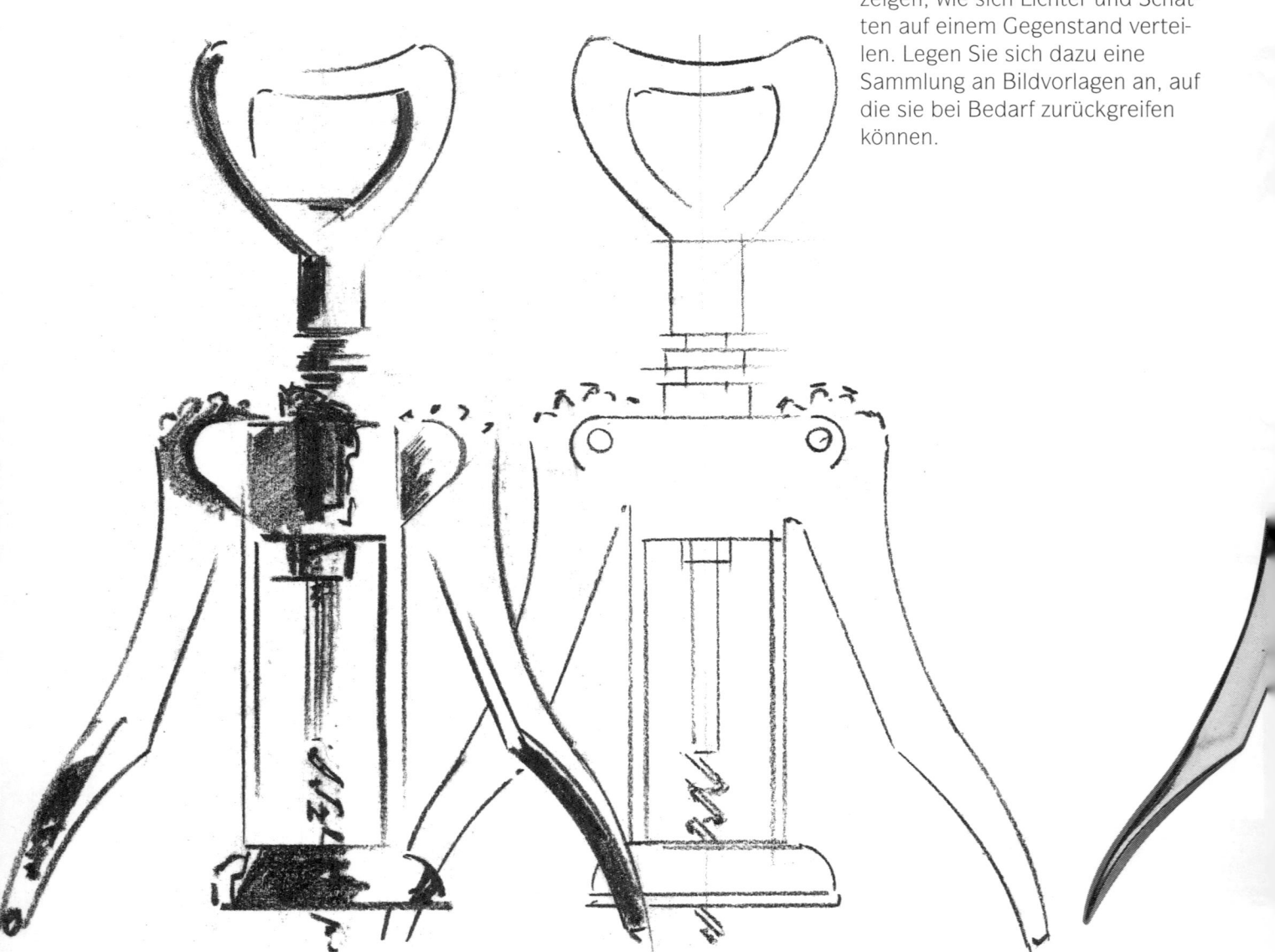

Es ist fast unmöglich, unter norma-
len Lichtverhältnissen eines Zim-
mers hochglänzende Objekte nach-
zuzeichnen.

Streulicht und zu viele Reflexe des
Umfelds beeinträchtigen eine charakteristische Konturzeichnung.
Deshalb empfiehlt es sich immer,
ähnliche Situationen wie im Foto-
studio anzustreben, in dem Lichter
bewußt gesetzt und nichts dem
Zufall überlassen wird.

Übung: Von ersten formbeschreibenden Linien bis zur fertigen Zeichnung

Erster Schritt:
Mit formsuchenden Linien, schwungvoll aus der lockeren Hand gezeichnet, wird die ungefähre Gestalt des Körpers skizziert.

Zweiter Schritt:
Unter Verwendung von Lineal und Ellipsenschablonen werden die exakten Körpermaße entwickelt.

Dritter Schritt:
Schraffuren und genauer Hell-Dunkel-Kontrast definieren die Räumlichkeit des Körpers. Schlagschatten auf Metall ist kaum sichtbar. Schlagschatten, der auf den Untergrund fällt, wird dunkel bis schwarz gezeichnet. Beachten Sie, daß der Schlagschatten je nach Material unterschiedlich dunkel gezeichnet wird.

①

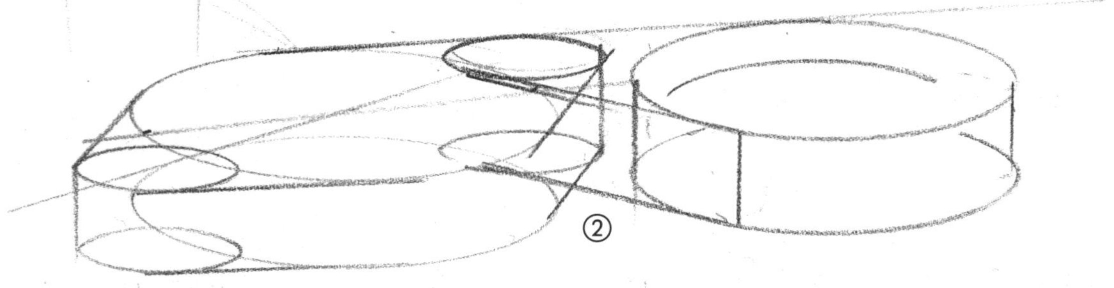

②

③

Ein metallener Gegenstand vor dunklem Hintergrund tritt stärker hervor. Diese Uhr wurde auf Transparentpapier gezeichnet, der dunkle Hintergrund wurde auf der Rückseite des Transparentpapiers bis an die Konturlinie des Körpers herangezeichnet.

Material und Oberfläche: Glas

Die glatte Oberfläche des Glases und seine Transparenz bewirken hohe Lichtbrechungen und Reflexionen.

Zeichnerisch muß man einen gläsernen Körper durch präzise Konturenbeschreibungen definieren. Schwarze, harte Kanten und zarte Flächenschraffuren kennzeichnen Glas. Wo starkes Licht auf Glas trifft, können die Reflexe die Konturlinie auflösen.

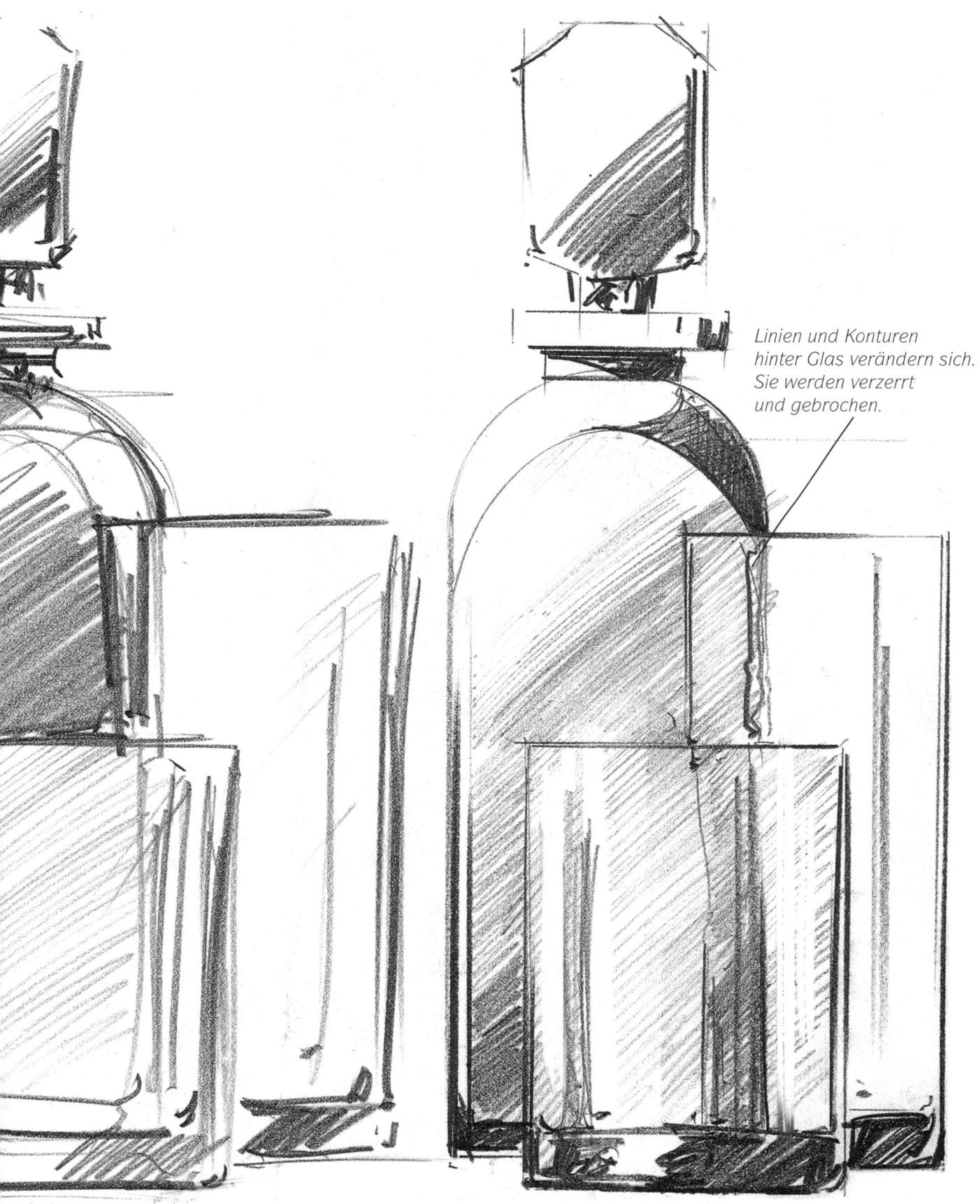

*Linien und Konturen
hinter Glas verändern sich.
Sie werden verzerrt
und gebrochen.*

Material und Oberfläche:
Metall, Kunststoff, Leder

Werkstoffe bzw. deren Oberflächen unterscheiden sich einmal durch ihre Struktur, hauptsächlich aber durch den Kontrast von Hell zu Dunkel.

In der Zeichnung ist deshalb auf die genaue Wiedergabe des jeweiligen Helligkeitskontrasts zu achten. Vielleicht entwickelt man für die unterschiedlichen Materialien eigene grafische »Kurzzeichen«, die man im Kopf behält und auf

die man bei Bedarf jederzeit wieder zurückgreifen kann. Die Oberfläche von Kunststoff zeichnet sich durch harten Hell-Dunkel-Kontrast und weiche grafische Konturen aus. Bei Metall trifft absolutes Schwarz im harten Kontrast auf absolutes Weiß der Papieroberfläche. Leder und textile Oberflächen zeichnen sich durch eine differenzierte, weiche Schraffierung in Grau aus, wobei die Hell-Dunkel-Unterschiede geringer ausgeprägt sind.

Kunststoff

Metall

Leder

Metall

Material und Oberfläche: Metall und Kunststoff

Metallische Oberflächen werden durch Lichtreflexe und Hell-Dunkel-Kontraste dargestellt. Hochglanzoberflächen unterscheiden sich von mattierten durch das Fehlen von weichen Übergängen, sie kennzeichnet ein starker Hell-Dunkel-Kontrast.

Eine Übersicht verschiedener Schreibgeräte in unterschiedlichen Materialien: Alle Stifte sind auf Transparentpapier gezeichnet, der 6 B-Bleistift wird unterschiedlich stark aufgedrückt, teilweise leicht verwischt, und mit Radiergummi oder Typenreiniger werden Reflexe ausradiert. Auch hier muß möglichst schnell gearbeitet werden.

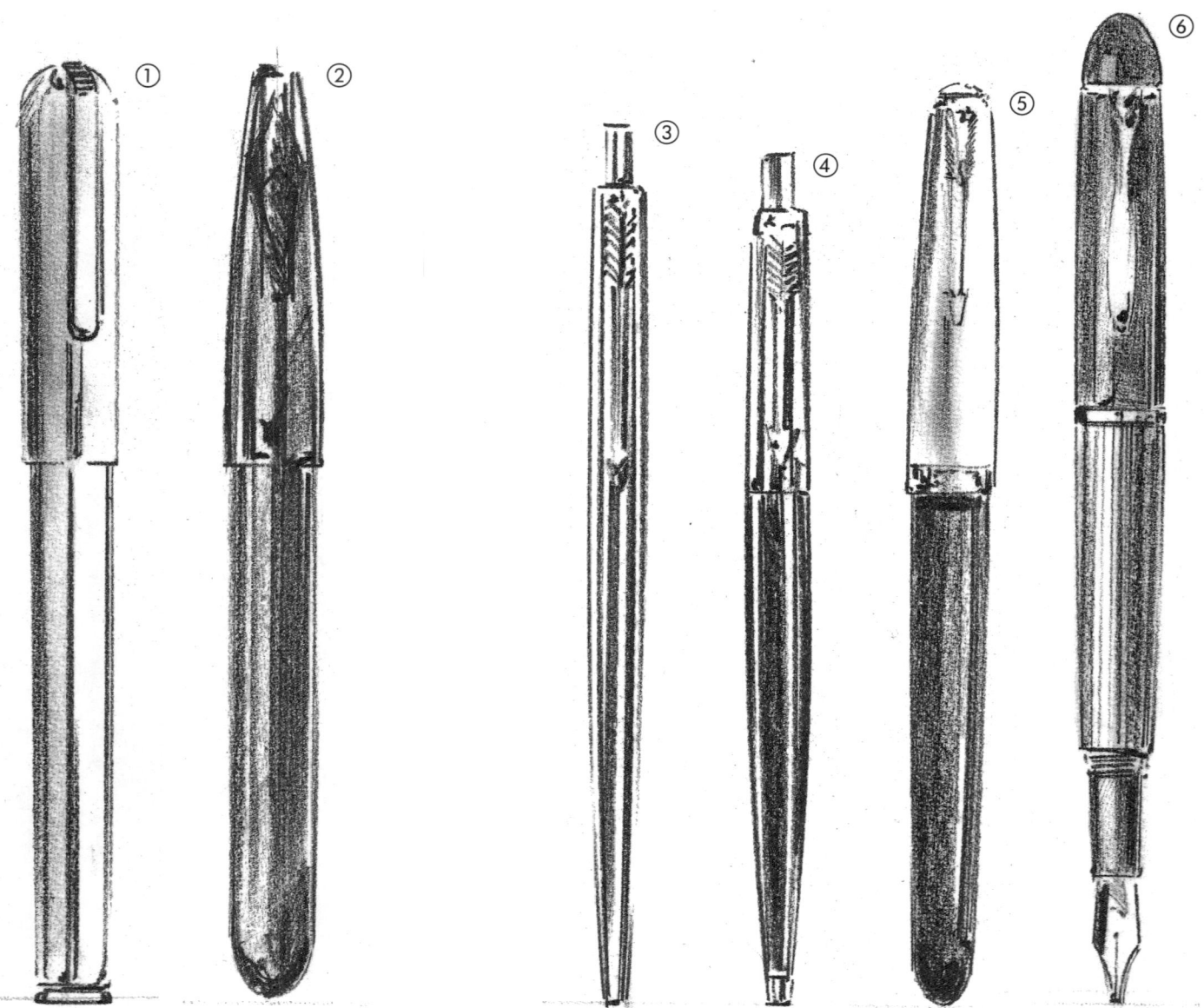

① *Füller mit Metalloberfläche: harter Kontrast von Hell zu Dunkel.*

② *Füller mit schwarzer, mattierter Metalloberfläche: Lichter und Reflexe kennzeichnen die Silhouette, Schraffur parallel zur Hauptausdehnungsrichtung des Schreibgeräts.*

③ *Kugelschreiber mit glänzender metallener Oberfläche: sparsamer Gebrauch von tiefschwarzen Schraffuren bei überwiegend weißer Fläche in starkem Hell-Dunkel-Kontrast.*

④ *Kugelschreiber mit metallenem Oberteil, hochglänzend, Unterteil in schwarzem Kunststoff, matt: Auf dem oberen Teil überwiegen die hellen Partien, auf dem unteren die dunklen, bei starkem Kontrast.*

⑤ *Schwarzer Kunststoff-Füller mit silberner, mattierter Kappe: starker Hell-Dunkel-Kontrast von Füller zu Kappe mit weichen grafischen Strukturen.*

⑥ *Kunststoff-Füller mit unterschiedlichen Materialstrukturen: starker Hell-Dunkel-Kontrast von Füller zu Kappe bei weichen grafischen Strukturen.*

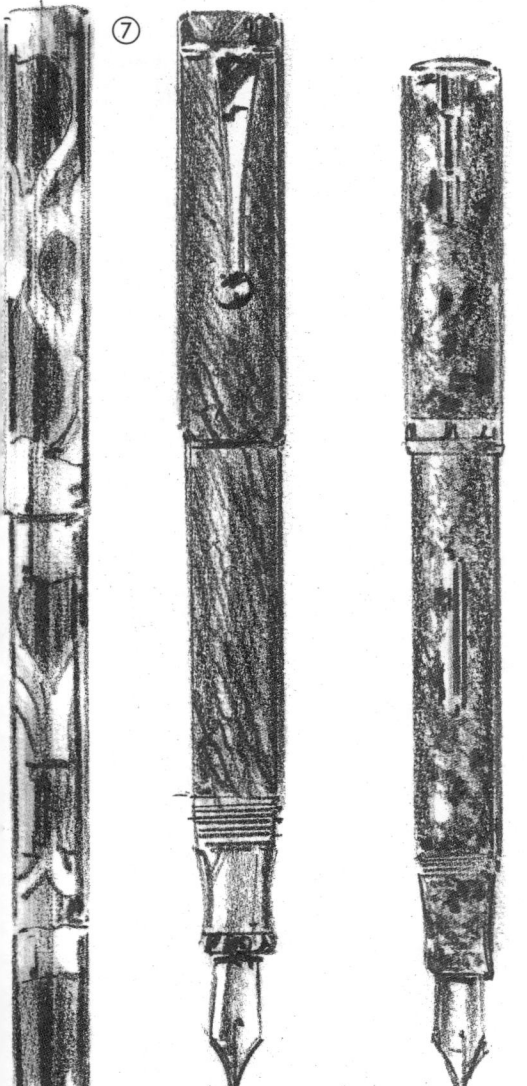

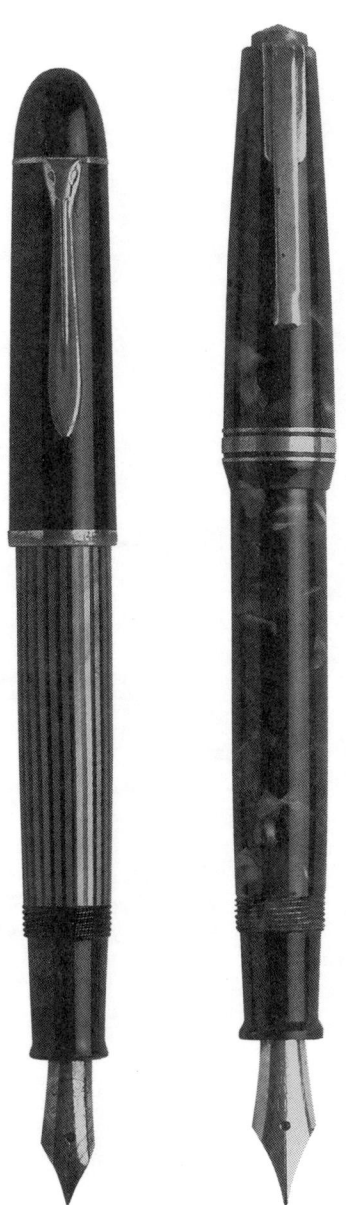

⑦

Drei Kunststoff-Füller mit charakteristischen Oberflächenmustern; Betonung der Oberflächen bei weitgehender Vernachlässigung von Lichteinfall und Schattenwirkungen:
1. Perlmutt-Oberfläche.
2. Holz-Oberfläche.
3. Marmorierte Oberfläche.

Scribble: Schnelle Entwurfsskizze zur Ideenfindung

Die schnell hingekrizzelten Entwurfsskizzen sind das wichtigste Handwerkszeug bei neuen Formfindungen. Legen Sie sich ein Skizzenbuch an und skribbeln Sie, so oft es Ihnen möglich ist. Zu diesem lockeren Strich verhilft nur vieles Üben. Das Skizzenbuch und der 6 B-Bleistift sollten Ihr ständiger Begleiter werden.

Beim Skribbeln kommt es darauf an, schnell Hauptrichtungen, Dimensionen und Andeutungen von Materialien durch charakteristische Helldunkelwerte zu verdeutlichen. Die falsch gesetzte Suchlinie wird nicht wegradiert, sondern durch eine richtigere ersetzt. Das Auge des Betrachters wird sich automatisch für die richtig erkannte Linie entscheiden. Schatten reduzieren sich manchmal nur auf besonders kräftig ausgeführte Konturlinien, Körper werden auch in ihren unsichtbaren Teilen mit durchgezeichnet, so z. B. der Halbkreis in der Ansicht zum Kreis geschlossen, das Quadrat zum Würfel vollendet und lediglich die sichtbaren Teile durch ein zweites oder drittes Überarbeiten stärker akzentuiert.

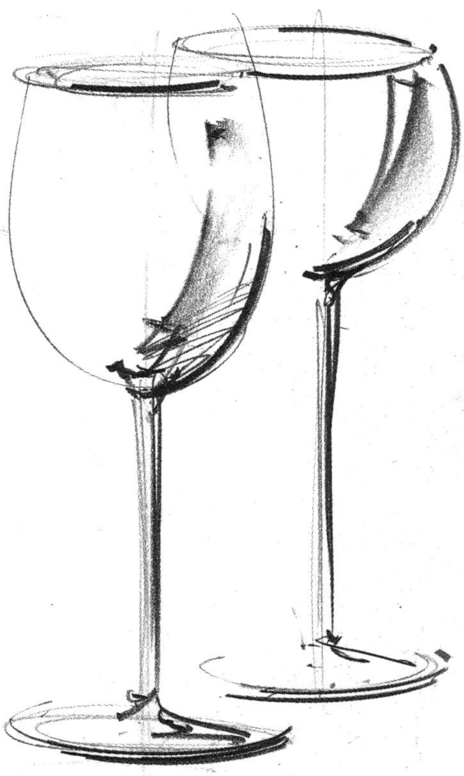

Üben Sie verschiedene
Perspektiven!

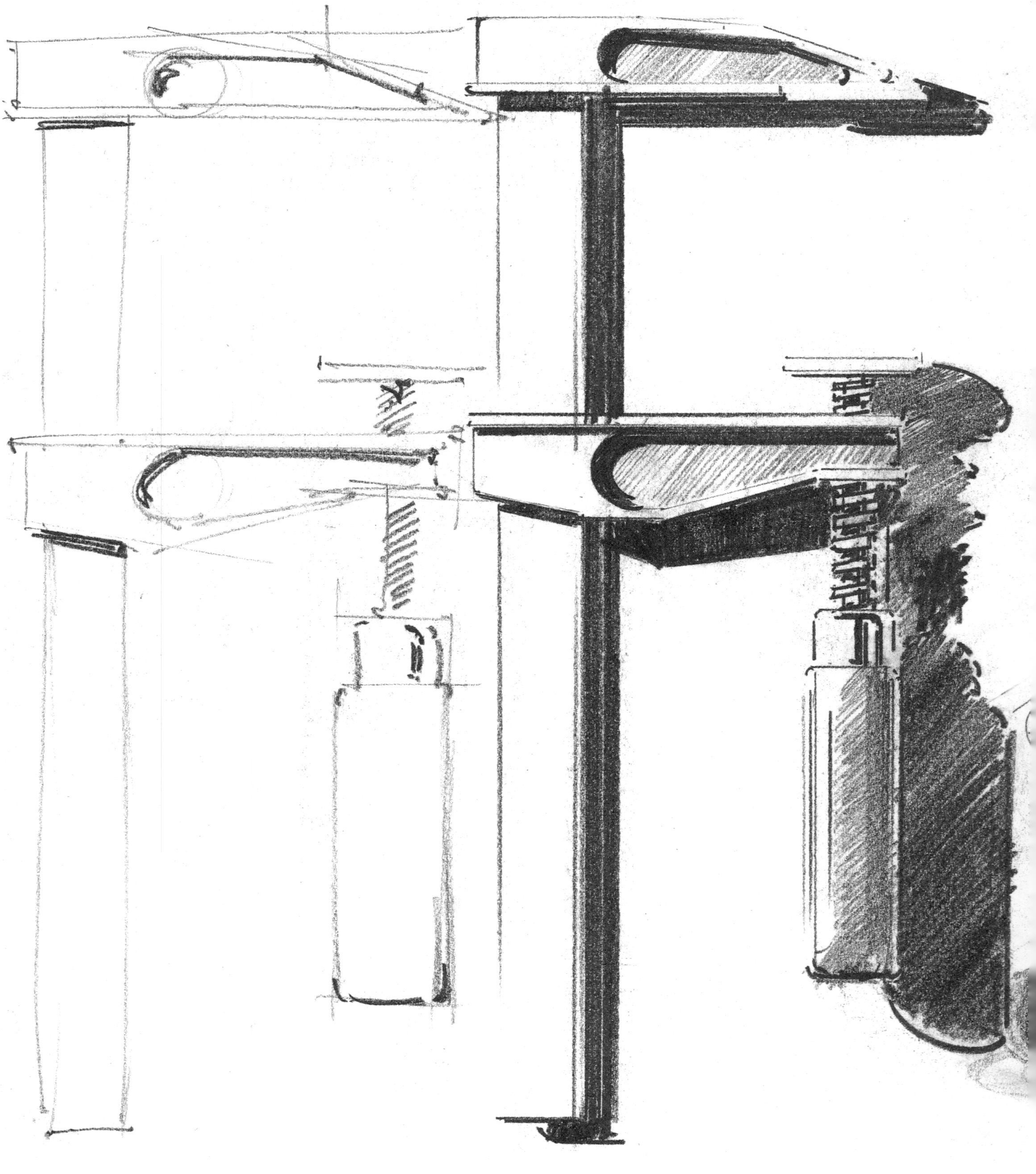

Ansichtsdarstellung und
Perspektive als Haupt-
darstellungsformen

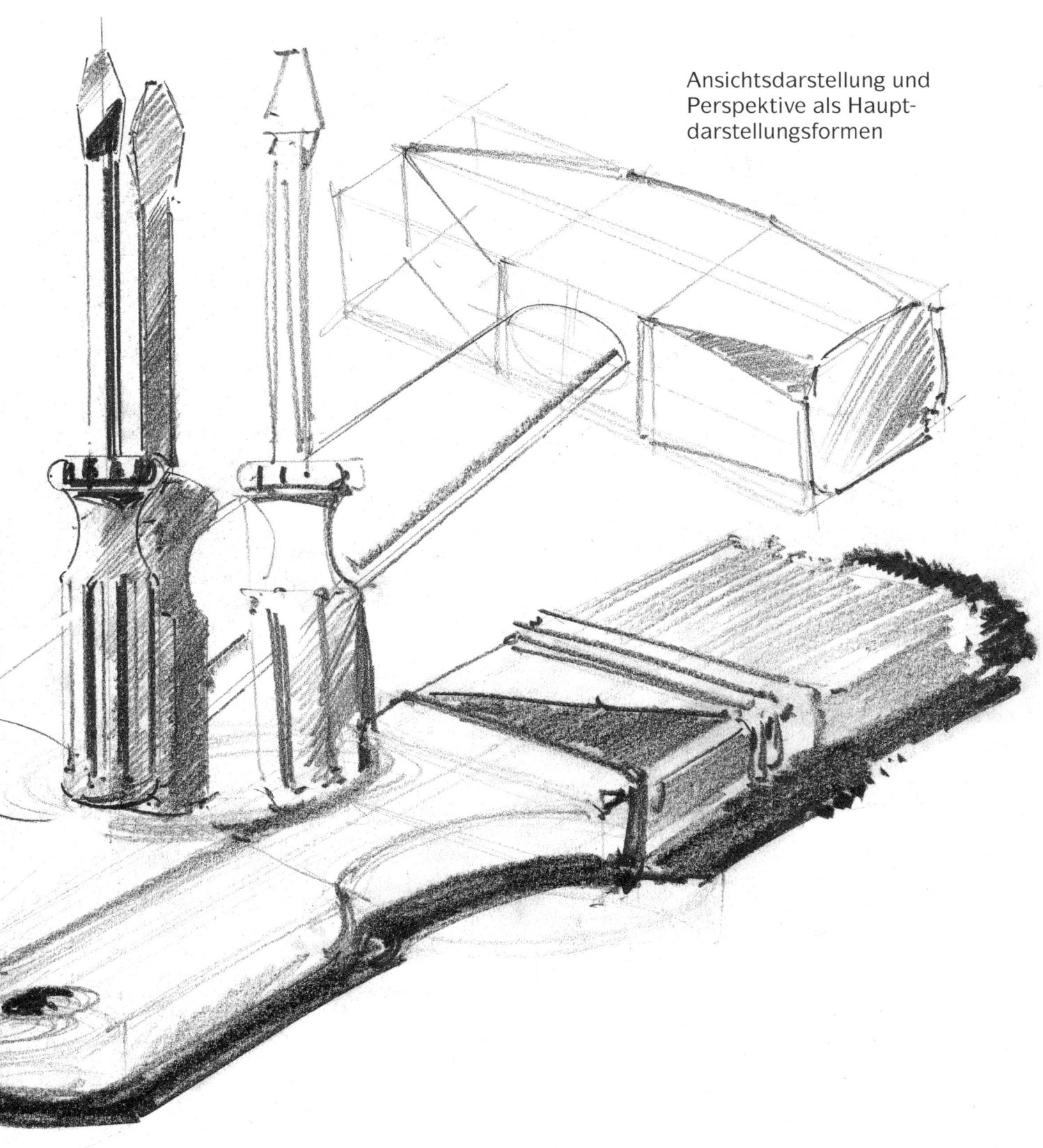

Ansichtsdarstellung

Die für Entwurfszeichnungen übli-
chen Ansichten sind: die Aufsicht,
die Ansicht über Eck, die Vorderansicht und die Seitenansicht.
Zeichnen Sie am Anfang Ansichts-
darstellungen von Objekten Ihres
täglichen Gebrauchs. Beginnen Sie
mit der Vorderansicht.

Zeichnen Sie im zweiten Schritt
die Seitenansicht des gleichen
Gegenstandes und im dritten
Schritt die Aufsicht von oben. In
diesen Darstellungsformen schu-
len Sie Ihre räumliche Vorstellungs-
kraft. Sie erfassen leichter Maße
und Proportionen, und Sie werden
sicher in der zeichnerischen Darstellung für die im nächsten Schritt
erfolgende perspektivische
Darstellung des Gegenstandes.
Vernachlässigen Sie am Anfang
Licht und Schatten. Die Lichtverhältnisse lassen sich am besten in
einer perspektivischen Darstellung
studieren.

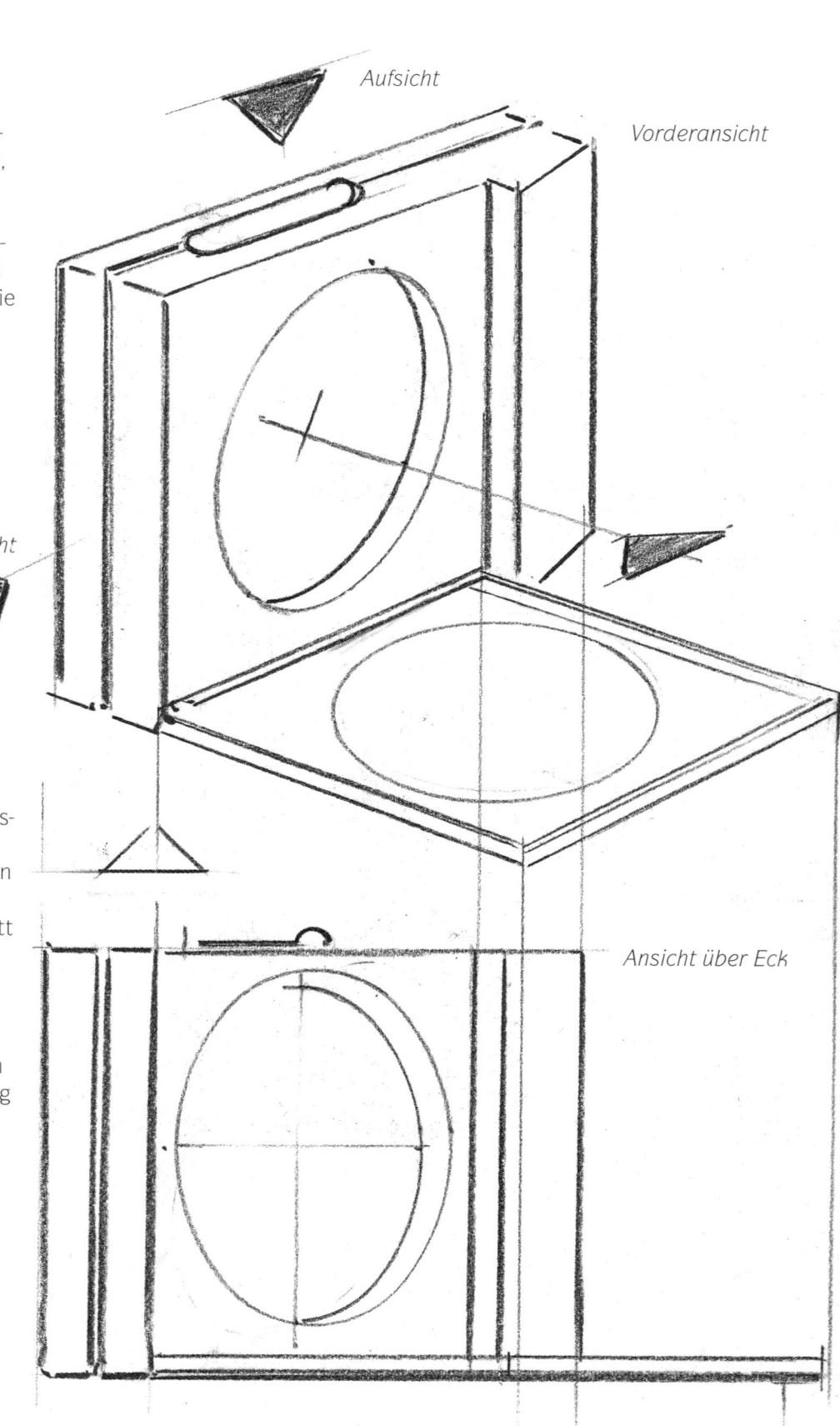

Aufsicht

Vorderansicht

Seitenansicht

Ansicht über Eck

Übung: Reisewecker III

Vorderansicht

Seitenansicht

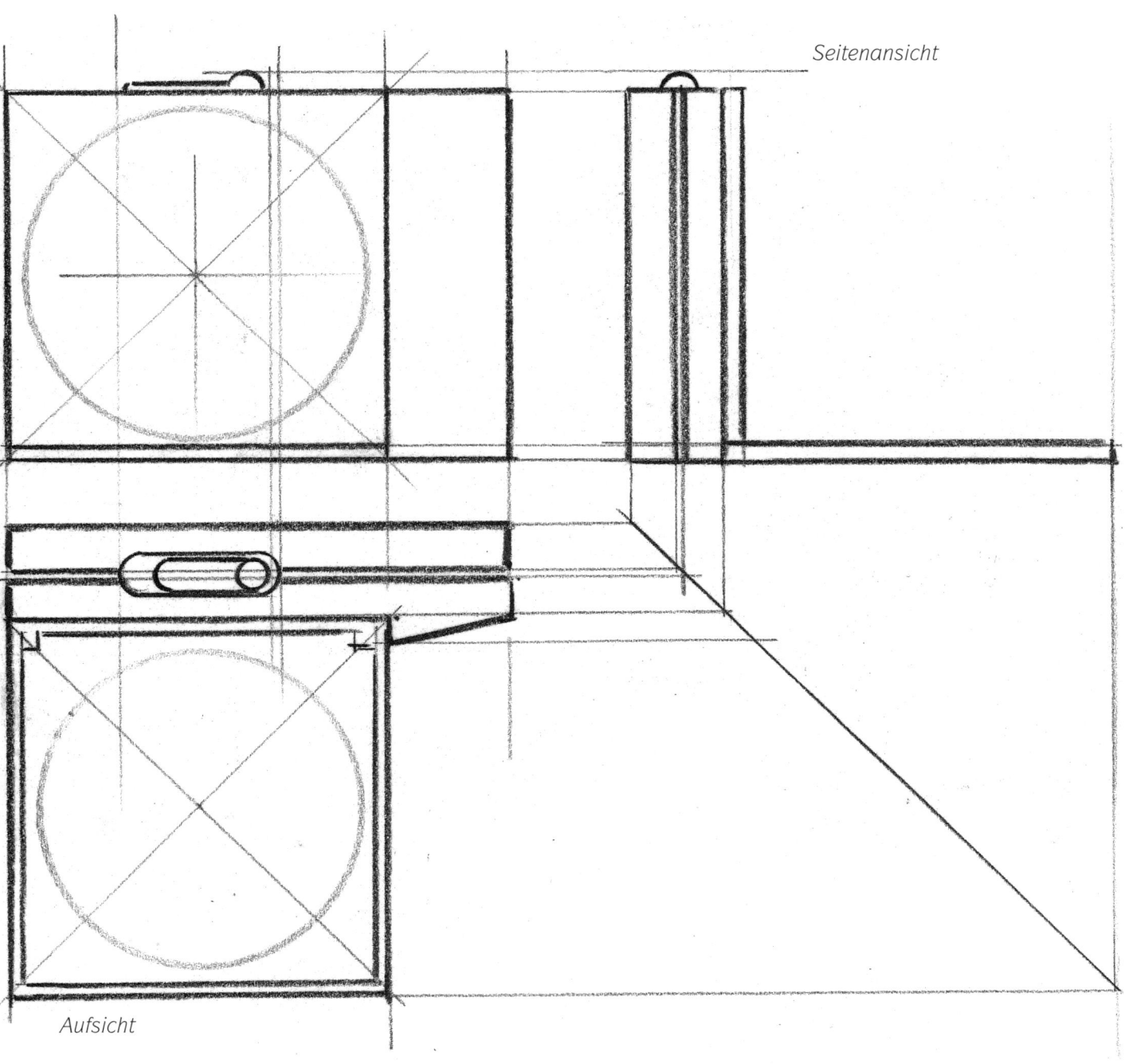

Aufsicht

Übung: Funkgerät

Hier Typenreiniger verwenden

Setzen Sie in Griffmulden Schlag-schatten; die betonen die Räum-lichkeit des gezeichneten Gegen-standes.

Frottage-Technik

Übung: CB-Funkgerät

Beim raschen Skizzieren kommt es dann und wann zu unsauberen Kanten. Mit einem Typenreiniger können Sie diese Spuren vor dem Fixieren leicht wieder wegradieren.

Auf Transparentpapier lassen sich Bleistiftspuren zu weichen Strukturen verreiben. In diese grauen Spuren lassen sich mit dem Typenreiniger charakteristische Lichter einsetzen.

Für charakteristische Oberflächenstrukturen eignet sich eine Frottage-Technik: Sie legen unter Ihr Zeichenblatt z.B. ein Loch-Blech oder

eine andere charakteristische Oberfläche und reiben diese Strukturen mit dem Bleistift auf der Oberfläche des Papiers durch.

Übung: Wandschrank

Betonen Sie Vertiefungen für Fachböden und Seitenwände durch starke Schatten.

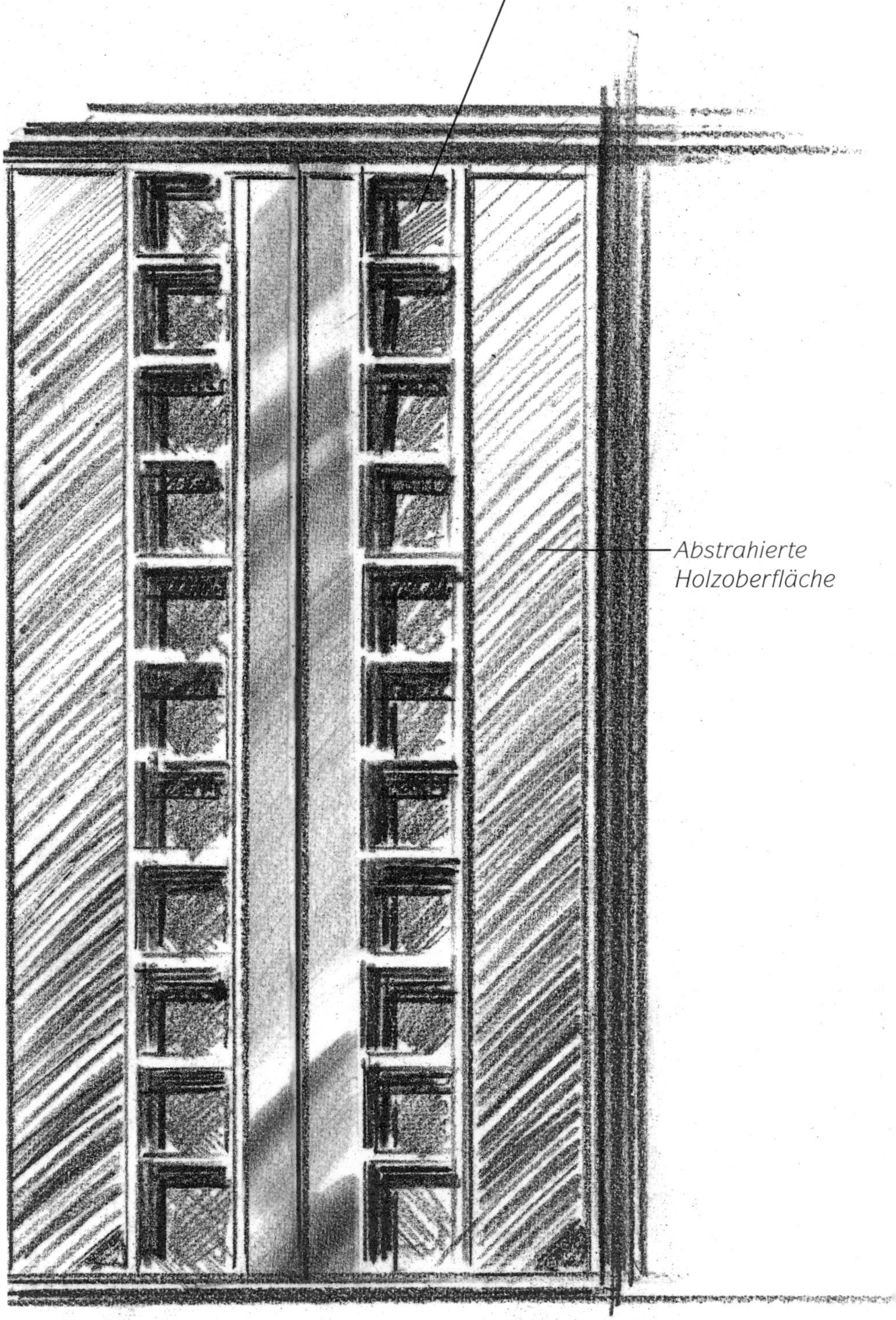

Abstrahierte Holzoberfläche

Übung: Staubsauger

Auf einem Übungspapier werden Vorstudien für unterschiedliche Oberflächenstrukturen angestellt.

Präsentationszeichnung des gleichen Gegenstand auf Transparentpapier: Ein teilweise schwarz angelegter Hintergrund betont die Räumlichkeit des Gegenstandes und läßt diesen in den Bildvordergrund rücken. Die Hauptlichtquelle befindet sich rechts oberhalb

des abgebildeten Gegenstandes. Deshalb müssen Schattenfächen auf die lichtabgewandten Stellen gelegt werden. Strukturierte Oberflächen wurden in einer Frottage-Technik wiedergegeben.

Vorstudie

Schatten auf der Rückseite

Frottage

Übung: Bürostuhl

Textile Strukturen werden in einer Frottage-Technik wiedergegeben, in Schattenflächen wurde eine spezielle Wischtechnik angewandt, bei der der Bleistiftstrich mit einem Lösungsmittel angelöst und mit Pinsel vermalt wird. Die metallenen Teile des Bürostuhls, der Fuß und die Armlehnen, werden mit harten Hell-Dunkel-Kontrasten klar gekennzeichnet und definiert.

Textilstruktur in Frottage-Technik

Bleistift anlösen und mit Pinsel vermalen

Harte Kontraste

Sobald man die Ansichtsdarstellung beherrscht, kann man sich auch an gewagten Perspektiven versuchen.

Bei einer zeichnerischen Wiedergabe eines Autos kommt es sehr stark darauf an, die Räder möglichst realistisch wiederzugeben. Materialoberfläche, Profile, Hell-Dunkel-Verteilung spielen eine große Rolle für einen gelungenen Eindruck.

Reifenprofil, dunkel akzentuiert

Übung: Auto

Am Anfang ist es sinnvoll, Autos zu skizzieren, die sich durch eine klare Linienführung auszeichnen. Der Geländewagen in seiner typischen Kastenform eignet sich besonders für diese Übung.

Umrisse des Geländewagens auf Transparentpapier zeichnen; die Silhouetten und Einzelheiten des Autos werden durch klare Konturlinien festgelegt. Schattenflächen in den Fensterlaibungen und Radkästen werden tiefschwarz angelegt. Auf den Scheiben dürfen sich Landschaftsdetails spiegeln.

Die Profile der Reifen zeichnen sich als dunkle Spuren auf dem grauen Reifenmantel ab. Die Reifen werden mit einer kreisrunden, den Formen nachspürenden, dun-

klen Schraffur angelegt. Hell zeichnen sich Felgen ab.

Auf der Karosserie dürfen Kanten des Bleches und Lichtreflexe durch schwarze Linien bzw. herausradierte Lichtstreifen angelegt werden. Zierleisten werfen einen Schlagschatten auf der Unterseite.

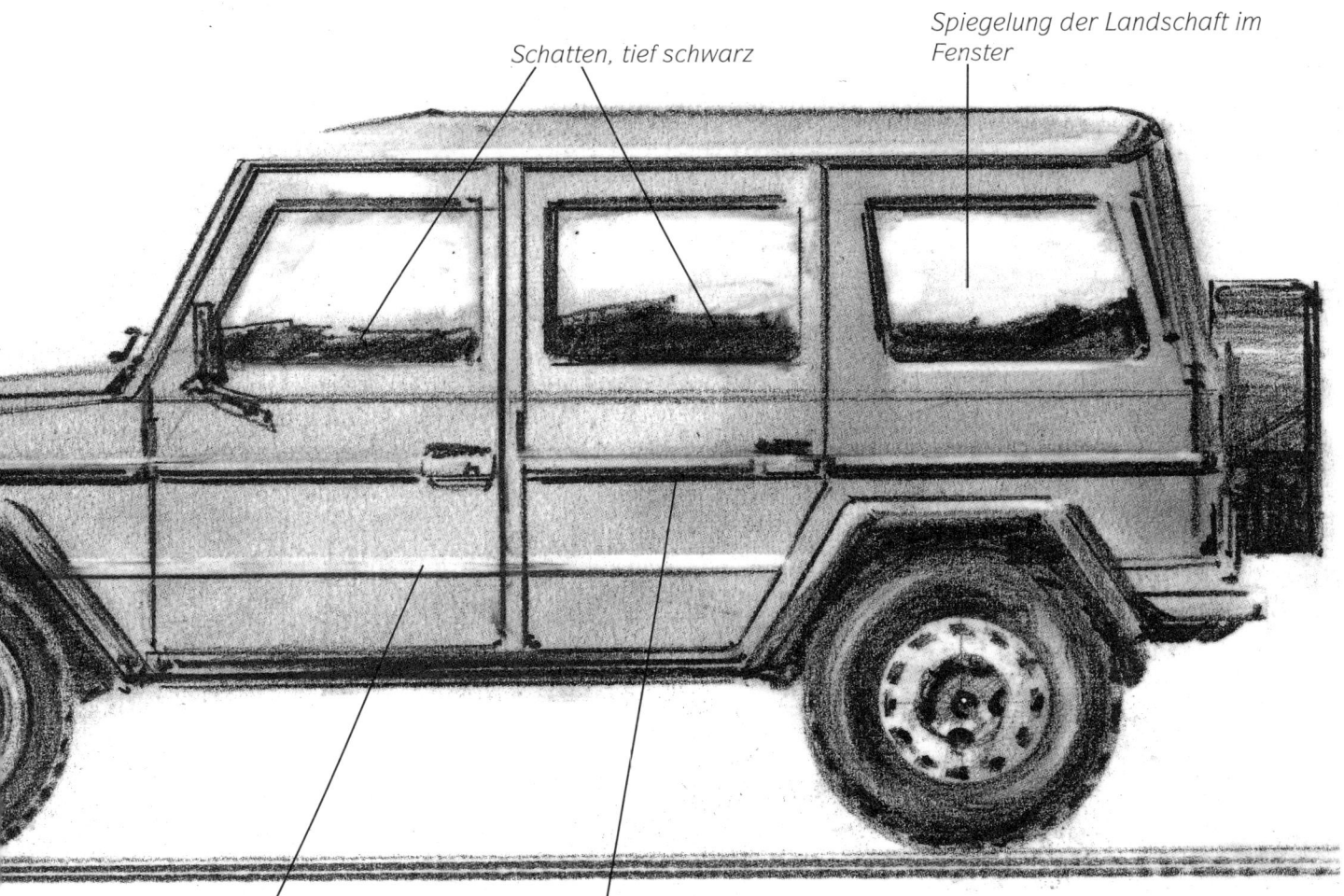

Schatten, tief schwarz

Spiegelung der Landschaft im Fenster

Lichter herausradieren

Schlagschatten an der Zierleisten-Unterkante

Perspektivische Darstellung

Eckperspektive: Zwei Fluchtpunkte

In der Zeichnung werden die Fluchtpunkte weit außerhalb des eigentlichen Zeichenblattes angenommen. Verlängern Sie die Linien auf ihrem Blatt Papier zum imaginären Fluchtpunkt hin und prüfen Sie, ob sich auch alle Fluchtlinien im gleichen Punkt treffen. Nur so können Sie sicher sein, daß Sie auch perspektivisch richtig gezeichnet haben. Der Horizont liegt immer waagerecht, im Beispiel des Reiseweckers oberhalb.

Deshalb ist der Wecker in leichter Aufsicht zu sehen. Grundprinzip der Eckperspektive: die Fluchtpunkte liegen außerhalb der Zeichenfläche.

Eckperspektive: Zwei Fluchtpunkte

(gegenüberliegende Seite links)

Der Horizont geht mitten durch das Objekt. Der Horizont liegt immer in Augenhöhe. Ist das Objekt höher als die Augenhöhe, führt also die Horizontlinie durch das Objekt hindurch, wirkt das Objekt monumental. In diesem Beispiel könnte es sich bei dem Reisewecker auch um ein Gebäude handeln.

Zentralperspektive: Ein Fluchtpunkt

(gegenüberliegende Seite rechts)
Der Horizont liegt mitten im Objekt.

Beachten Sie beim Skizzieren einer Perspektive: Je weiter der Betrachter vom Objekt entfernt ist, umso geringer ist die wahrnehmbare räumliche Tiefe. Ist der Betrachter unendlich weit vom Objekt entfernt, ist die räumliche Tiefe gleich Null.
Pragmatisch können Sie die Tiefe wie folgt festlegen: Zeichnen Sie die Strecke a, die Breite des Quadrats, und unterteilen Sie sie in beliebig viele gleiche Abstände.

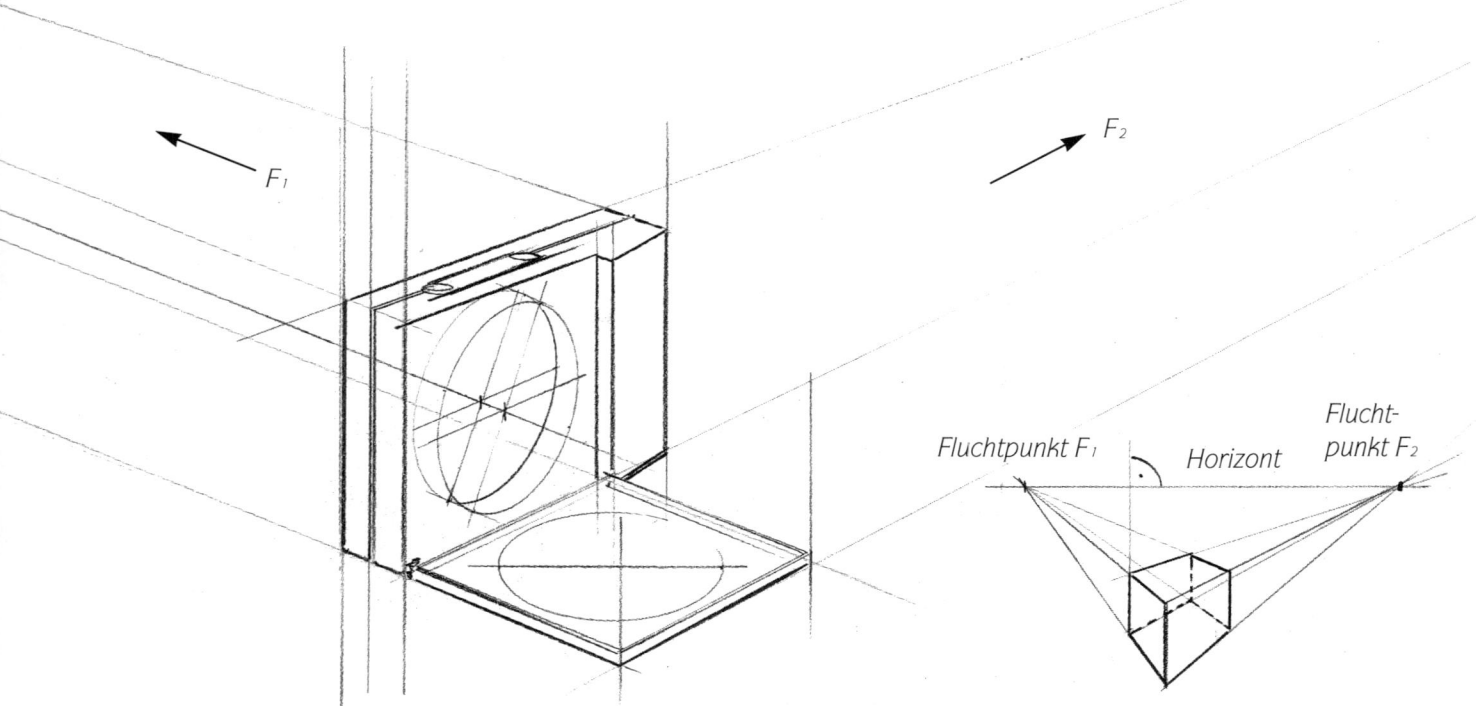

Prinzipzeichnung: Bei diesem Beispiel liegen die Fluchtpunkte innerhalb der Zeichenfläche

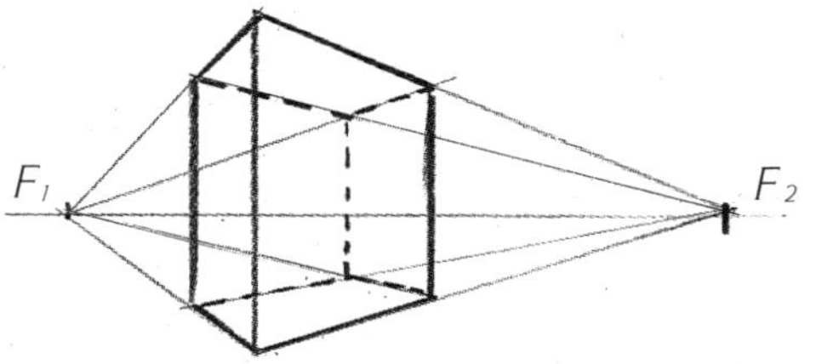

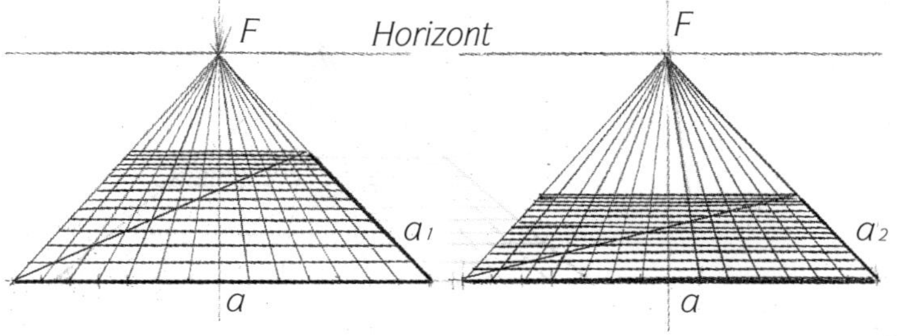

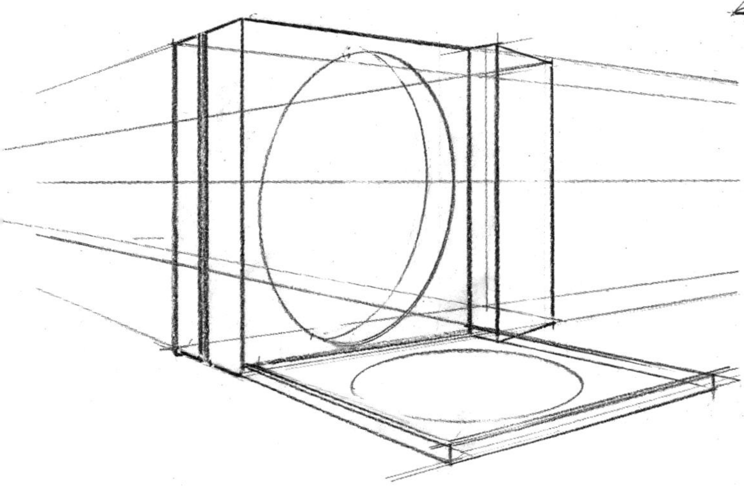

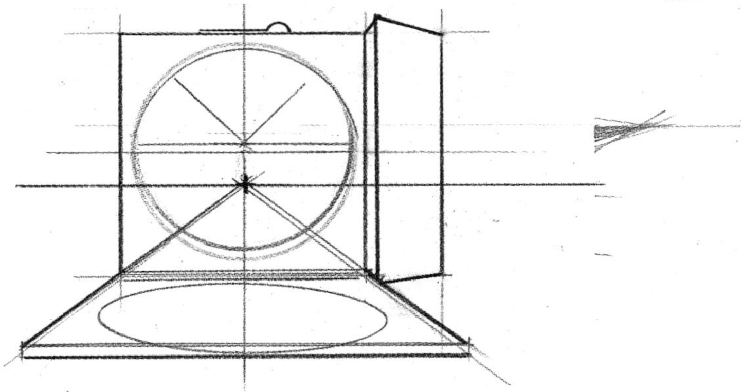

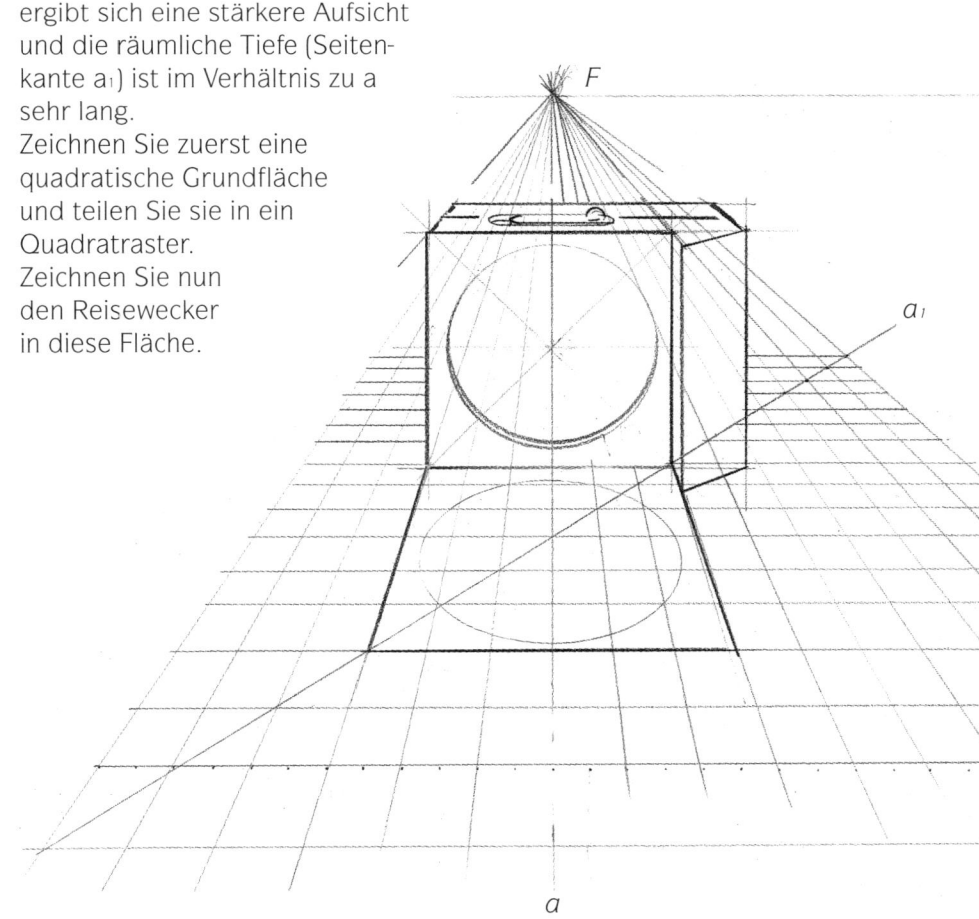

Bestimmen Sie den Horizont mit dem zentralen Fluchtpunkt. Zeichnen Sie die Linien zum Fluchtpunkt. Die Strecke a_1 bestimmt die Länge des Quadrats. Sie darf auf keinen Fall länger als die Strecke a sein. Zeichnen Sie die Diagonale der quadratischen Fläche. Sie finden in den Schnittpunkten Diagonale/fluchtende Linien die Aufteilung in quadratische Flächen. Die Abstände der parallelen Linien zu a verkürzen sich zum Fluchtpunkt hin.

Zeichnen Sie das Gleiche noch einmal daneben.
Zum Vergleich zeichnen Sie die Strecke a_2 kürzer als a_1.
Der Betrachter ist hier weiter entfernt zum Objekt. Die quadratische Fläche wirkt räumlich tief.
Der Horizont befindet sich diesmal oberhalb des zu zeichnenden Objekts. Der Zeichner ist links sehr nah am Objekt, dadurch

ergibt sich eine stärkere Aufsicht und die räumliche Tiefe (Seitenkante a_1) ist im Verhältnis zu a sehr lang.
Zeichnen Sie zuerst eine quadratische Grundfläche und teilen Sie sie in ein Quadratraster.
Zeichnen Sie nun den Reisewecker in diese Fläche.

Froschperspektive:
Drei Fluchtpunkte

Seitenkanten, die parallel zur Betrachterebene stehen, wurden bei den vorher beschriebenen Perspektiven senkrecht gezeichnet. Perspektivzeichnung mit 3 Fluchtpunkten tragen dem Umstand Rechnung, daß sich ein zu zeichnender Gegenstand nicht parallel zur Betrachterfläche befindet, sondern aus extremer Untersicht oder Aufsicht wahrgenommen wird. Die Folge davon ist, daß die Seitenkanten eines Objekts auf einen dritten Fluchtpunkt hin zufluchten. Bei extremer Sicht von unten – man kann sich vorstellen, daß man vor einem hohen Gebäude stünde und es von unten betrachtet – spricht man von Froschperspektive. Umgekehrt spricht man bei extremer Aufsicht von Vogelperspektive.

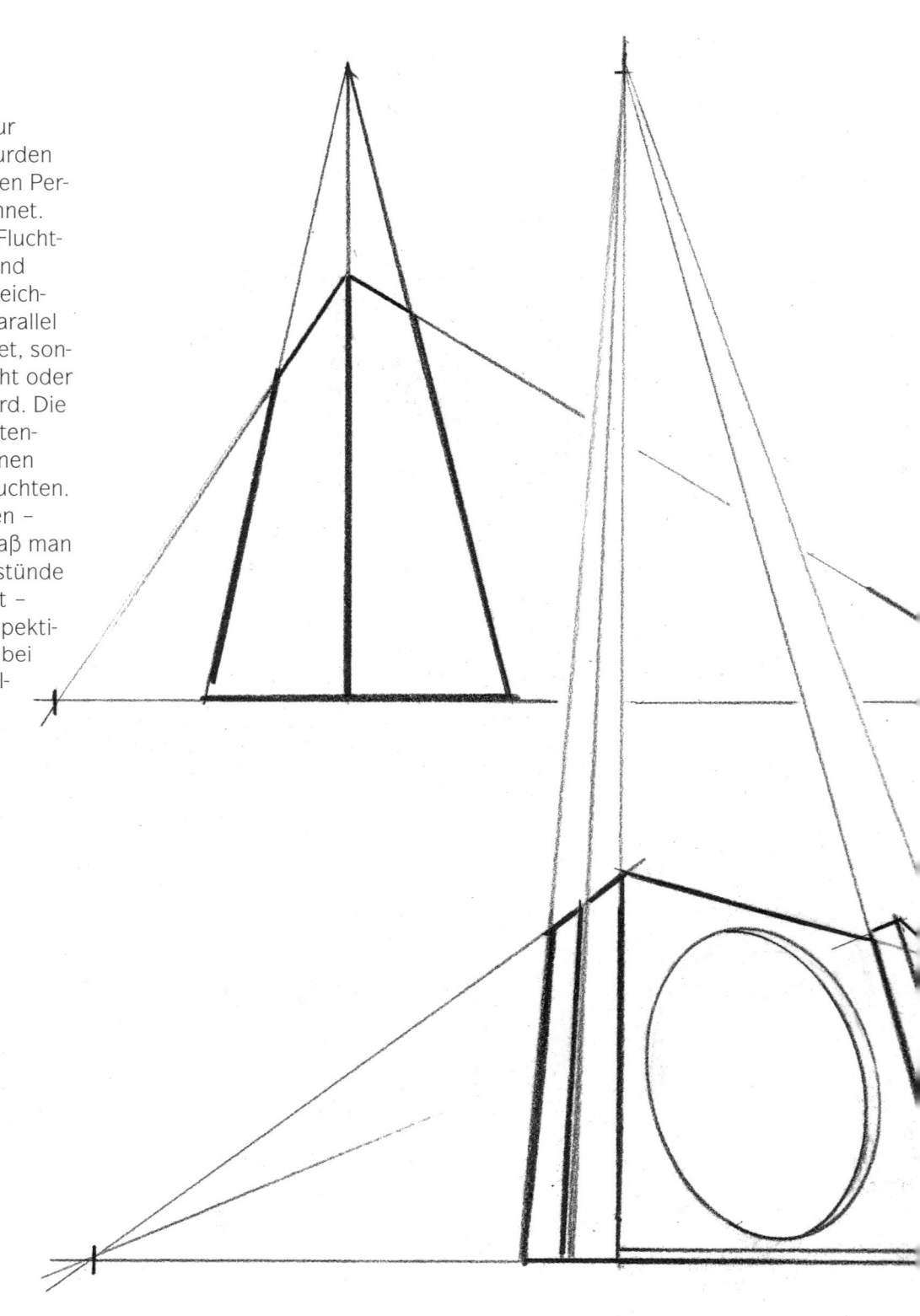

Vogelperspektive:
Drei Fluchtpunkte

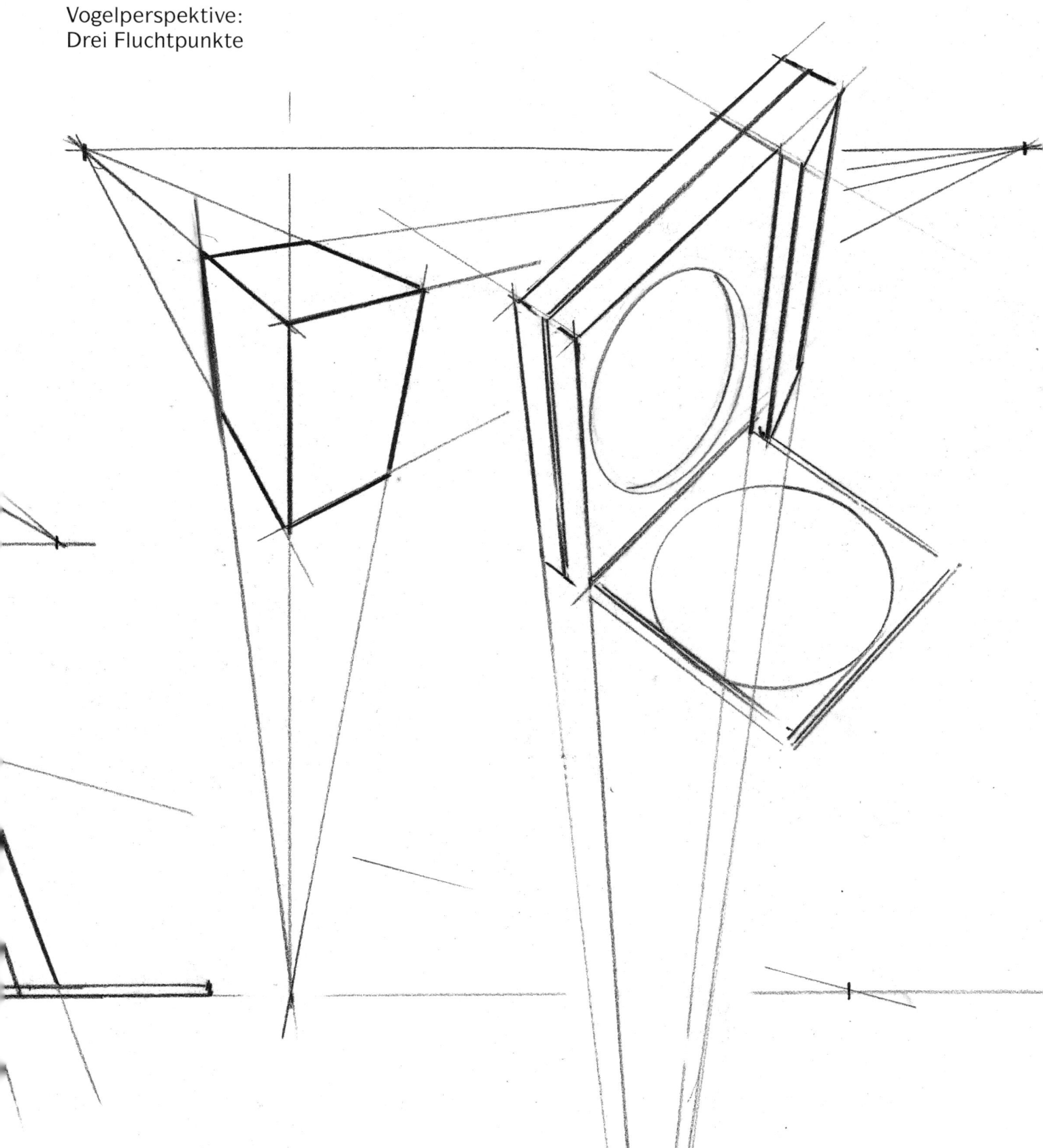

Übung :
Regal in Eckperspektive

Erster Schritt: Vorskizze

Zweiter Schritt: Fluchtpunkte festlegen und die Ausrichtung der Fluchtlinien überprüfen ggf. korrigieren.

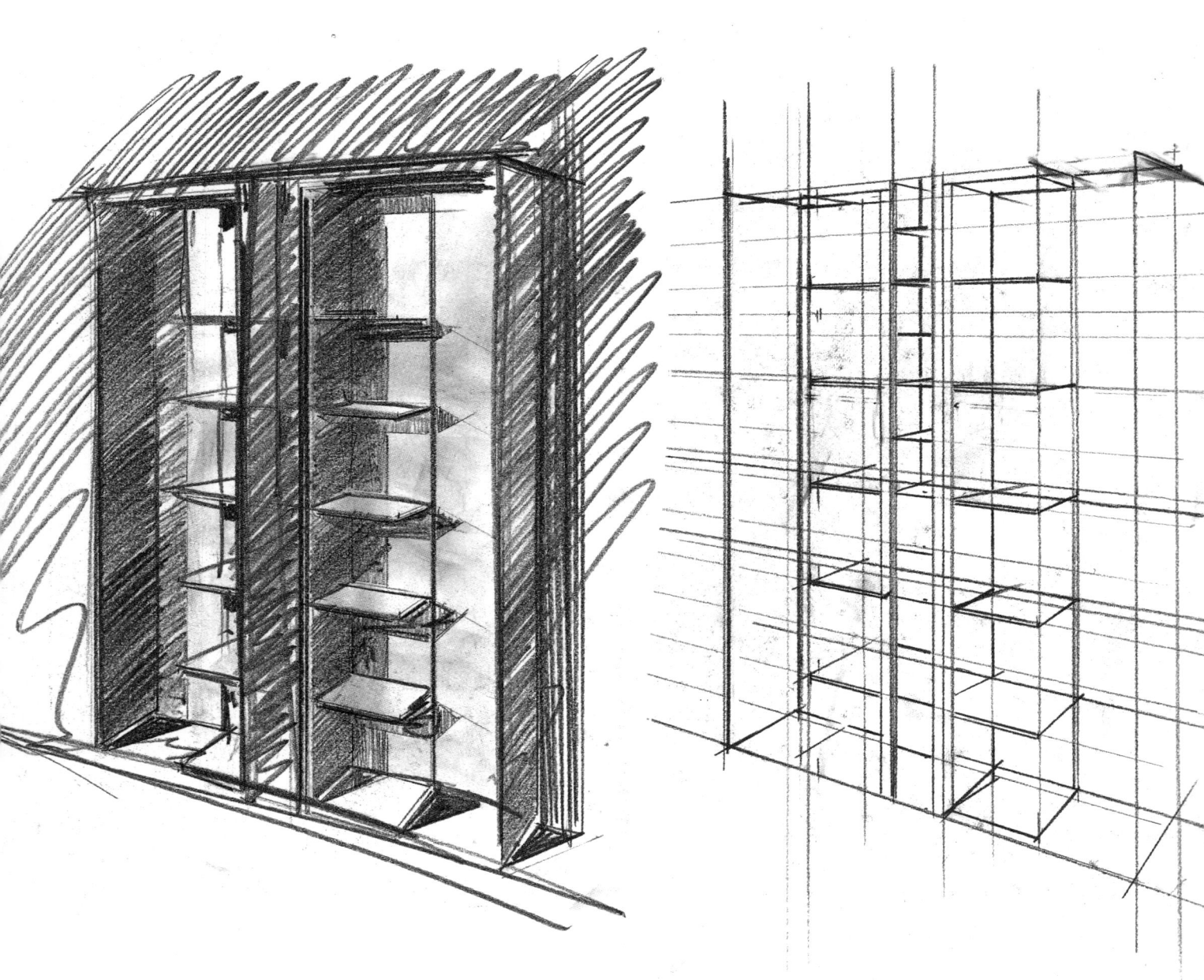

Dritter Schritt: Vorzeichnung ohne Hilfslinien.

Schluß: Präsentationszeichnung auf Transparentpapier: Dazu wird das Transparentpapier gedreht und von der Rückseite schraffiert. Es ergibt sich eine gegenüber der Vorzeichnung spiegelverkehrte Zeichnung.

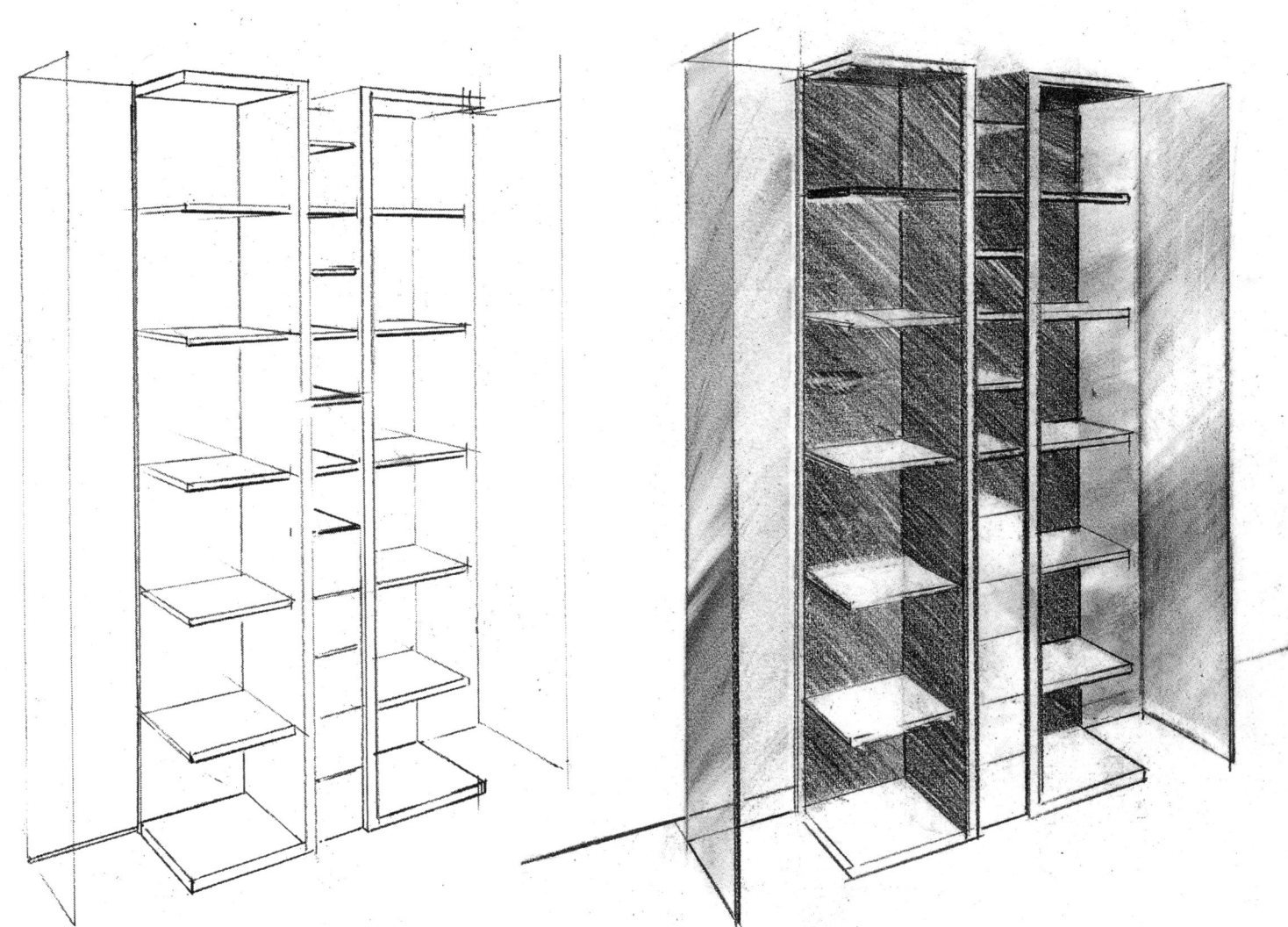

Übung:
Sekretär in Eckperspektive

Erster Schritt: Vorskizze

Am Lineal entlang korrigierte
Reinzeichnung und Präsentations-
skizze

Übung: Kastenwagen in Zentralperspektive

Die Vorderansicht ist nichts anderes als eine Zentralperspektive, wobei der Betrachter sehr weit vom Objekt entfernt ist. Diese Skizze wurde auf Layoutpapier ausgeführt.

Vollendung der Studie auf Transparentpapier. Achten Sie auf die Schlagschatten. Bei den Scheinwerfern und der Stoßstangen-Unterseite Reifenprofile andeuten, um einen wirklichkeitsnahen Eindruck zu vermitteln.

Übung:
Sofa in Zentralperspektive

Reinzeichnung auf Transparentpapier mit Bearbeitung von Vor-
der- und Rückseite. Der Hintergrund wird tiefschwarz mit dem
6 B angelegt, mit Lösungsmittel
angelöst und mit dem Pinsel grob
akzentuiert. Diese Zeichnung lebt
aus der Dynamik des Strichs.
Schlagschatten und freigesetzte
Lichter erhöhen die Plastizität des
Gegenstands.

Gegenstand und Raum

Entwurfsskizzen wirken umso realitätsnaher, desto mehr Beiwerk und umgebender Raum in die Skizze aufgenommen werden.

Manchmal genügt bereits die Andeutung einer Horizontlinie, um einen imaginären Raum zu schaffen. Wählen Sie eine Eckperspektive und definieren Sie die Dimensionen des zu zeichnenden Gegenstandes durch dessen Umgebung. Beachten Sie dabei, mehrere Gegenstände im gleichen Raum, die auf der gleichen Fläche stehen, haben auch den gleichen Horizont. Alle Fluchtpunkte liegen auf diesem Horizont.

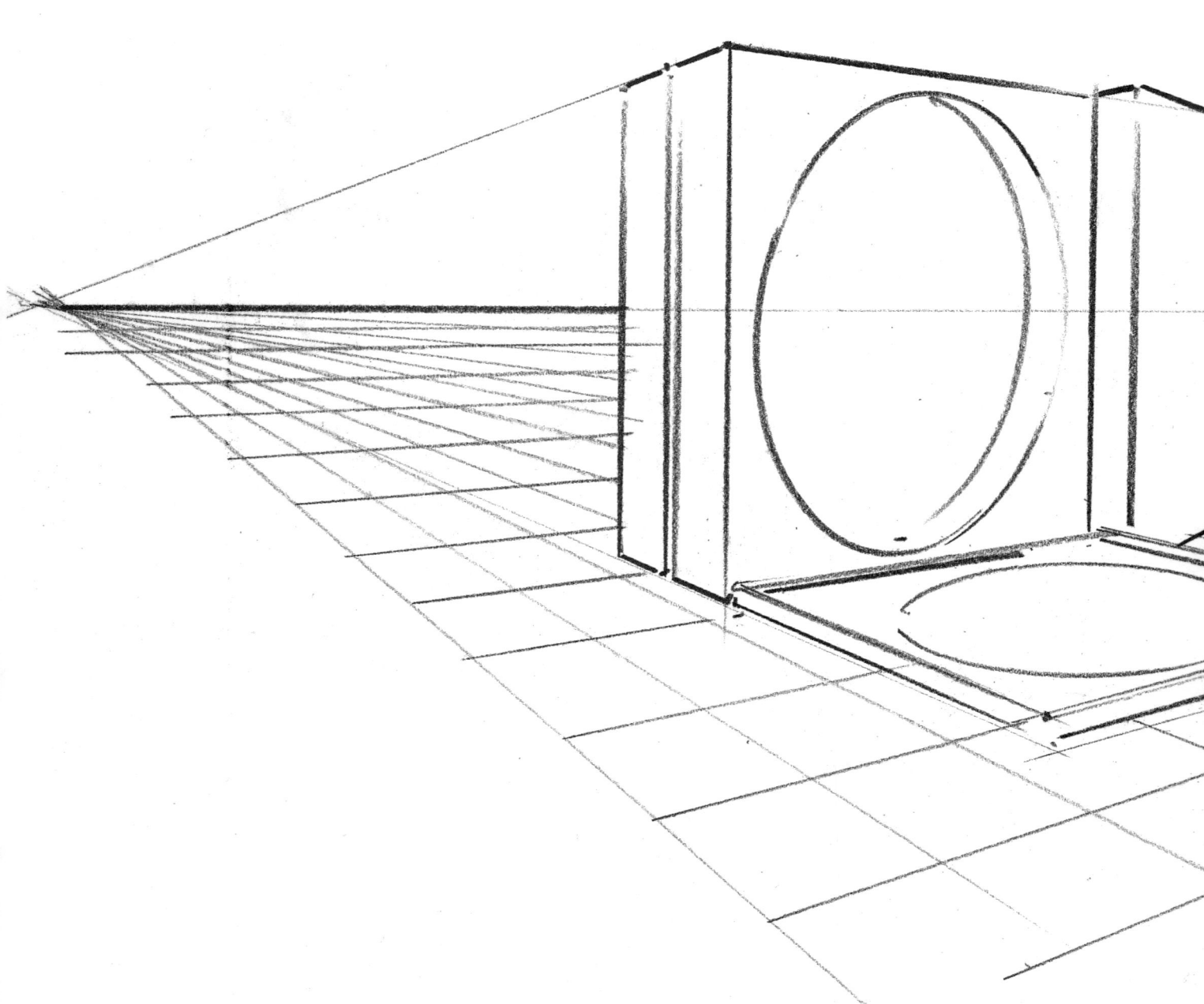

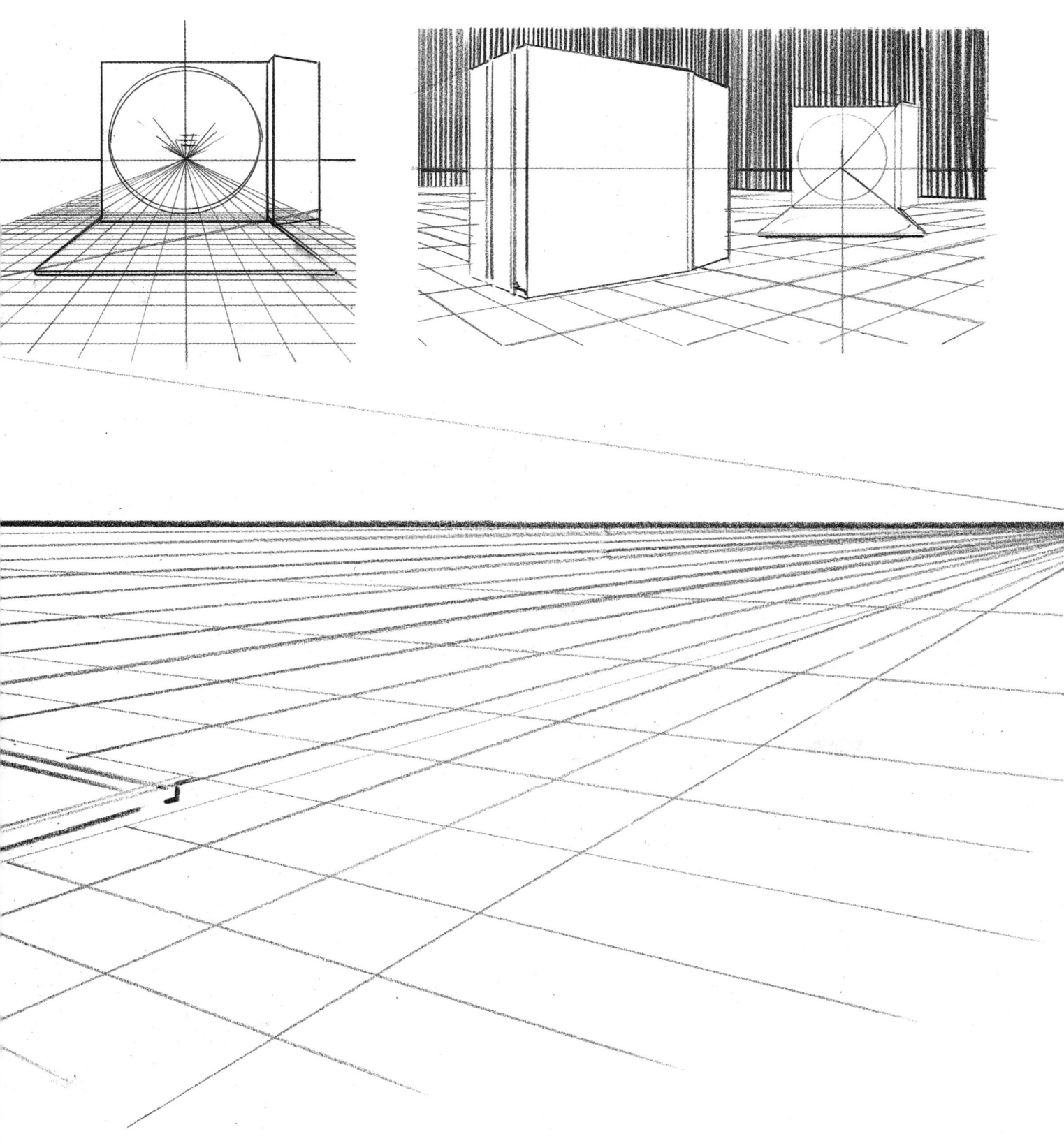

Übung:
Innenraum in Eckperspektive

Skizzieren Sie einen Raum und
möblieren Sie ihn.

Übung: Stuhl und Tisch in Eckperspektive

Skizzieren Sie einen Stuhl und stellen Sie weitere Möbel dazu.

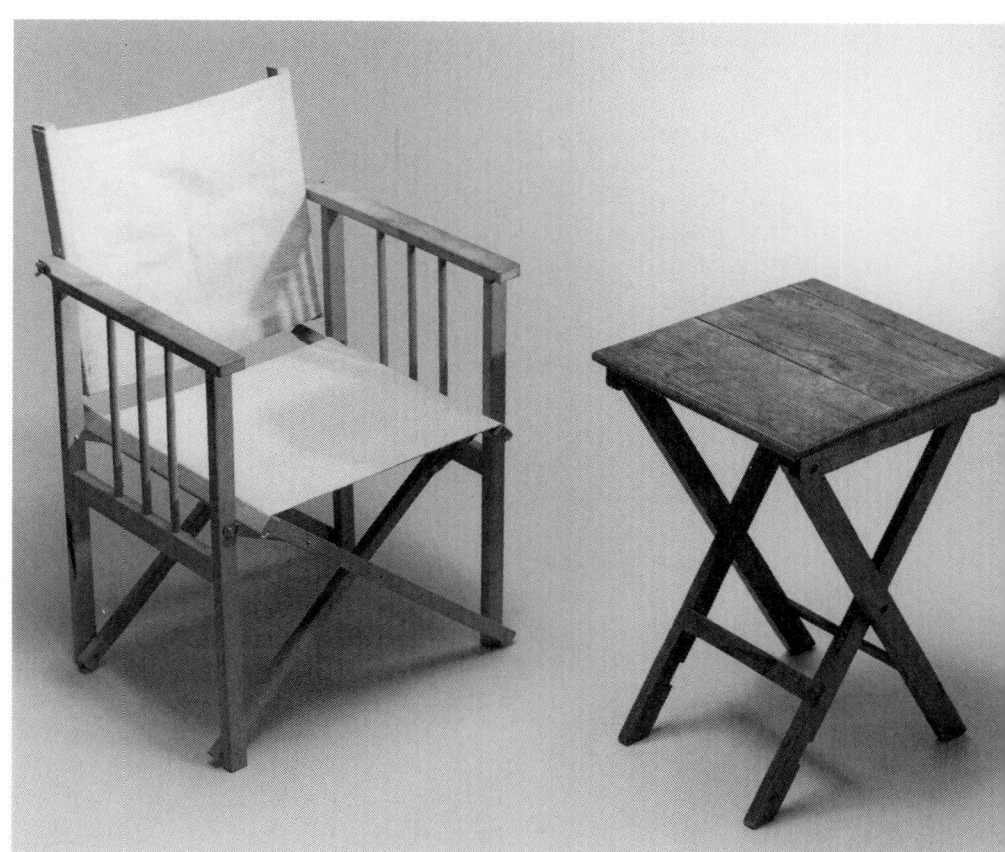

Literaturverzeichnis

Elementare Entwurfs- und Gestaltungsprozesse. Die Grundkurse an der Kunstgewerbeschule Basel. Hrsg. von M. Maier. Bd. 2 und Bd. 4 – Bern: Paul Haupt 1977

Gran, W. und Heine, H.: Technische Projektion. – Berlin: Beuth 1977

Holder, E.: Design-Darstellungstechniken. Ein Handbuch. – Augsburg, Augustus Verlag 1994

Holder, E.: Designzeichnen für Einsteiger. – Augsburg, Augustus Verlag 1993

Normen über Zeichnungswesen 1, Allgemeines, Darstellung, Symbole, Angaben für besondere Fachgebiete. DIN-Taschenbuch 2. – Berlin, Wiesbaden: Beuth/Bauverlag 1984

Thomae, R.: Perspektive und Axonometrie. – Stuttgart: Kohlhammer 1976

Zum Autor

Eberhard Holder ist Industriedesigner und Professor für Gestaltung, zeichnerische Darstellung und Präsentation an der Hochschule für Technik in Stuttgart. Unternehmen berät er in Fragen der Corporate Identity.

Als weitere Veröffentlichung ist von Eberhard Holder lieferbar: Design zeichnen – Lehr- und Studienbuch. – München: Augustus Verlag 2000

Die Deutsche Bibliothek – CIP-Einheitsaufnahme

Ein Titeldatensatz für diese Publikation ist bei Der Deutschen Bibliothek erhältlich.

Fotografie: Klaus Lipa, Augsburg
Lektorat: Michael Schönberger
Umschlaggestaltung: Jörg Alt, München
Layout: Anton Walter, Gundelfingen

AUGUSTUS VERLAG AUGSBURG 2000
© Weltbild Verlag GmbH, Augsburg

Satz: Gesetzt aus 11 Punkt ITC Symbol book in Quark-X-Press von Walter Werbegrafik, Gundelfingen
Reproduktion: Repro Ludwig, A-Zell am See
Druck und Bindung: Appl, Wemding

Gedruckt auf 120 g umweltfreundlich elementar chlorfrei gebleichtes Papier.

ISBN 3-8043-0247-5
Printed in Germany